海南大学作物学世界一流学科建设成果

# 热带作物组织培养与快速繁殖技术

陈银华　罗丽娟　刘进平　主编

中国农业出版社

北　京

**图书在版编目（CIP）数据**

热带作物组织培养与快速繁殖技术/陈银华，罗丽娟，刘进平主编. —北京：中国农业出版社，2020.7
ISBN 978-7-109-27097-8

Ⅰ.①热… Ⅱ.①陈…②罗…③刘… Ⅲ.①热带作物-组织培养②热带作物-栽培技术 Ⅳ.①S59

中国版本图书馆CIP数据核字（2020）第138767号

中国农业出版社出版

地址：北京市朝阳区麦子店街18号楼
邮编：100125
责任编辑：李 蕊 黄 宇
版式设计：杜 然 责任校对：刘丽香
印刷：北京通州皇家印刷厂
版次：2020年7月第1版
印次：2020年7月北京第1次印刷
发行：新华书店北京发行所
开本：787mm×1092mm 1/16
印张：9
字数：200千字
定价：98.00元

# 内 容 简 介

　　本书分总论和分论两部分。总论部分介绍植物组织培养的概念、分类、研究历史和应用，植物组织培养原理与植株再生途径，离体快速繁殖技术，植物组织培养实验室的设计与设备，培养基的选择与配制，外植体的选择与消毒，无菌操作与培养管理，组培苗的炼苗与移栽。分论部分介绍包括木薯、参薯、油棕、剑麻、甘蔗、麻竹、牛樟、香蕉、菠萝、番木瓜、文心兰、铁皮石斛、柱花草等在内的重要热带作物的组织培养与快速繁殖技术。本书可供植物组织培养的从业者阅读参考，也可作为相关学科的植物组织培养教材使用。

# 编 写 人 员

主　编　陈银华　罗丽娟　刘进平

副主编　耿梦婷　李东栋　黄东益　周　鹏
　　　　何为中

参　编（按姓氏拼音排序）

陈松笔　陈　彧　雷　健　黎小瑛

李傲梅　李开绵　李秀梅　刘红坚

刘丽敏　沈文涛　覃和业　王甲水

吴维军　吴文蕾　谢光明　许　云

易克贤　昝丽梅　张家云　张世清

朱文丽　邹积鑫

　　植物组织培养技术是20世纪初发展起来的一种植物生物技术，在过去数十年中得到迅猛发展。植物组织培养虽然可用来进行无性系快速繁殖和脱毒种苗生产、大规模植物细胞培养生产植物次生代谢物、植物遗传转化、突变体筛选、离体种质保存、单倍体育种、体细胞杂交、理论研究等多个方面，但其中应用最广、产生效益最明显的是种苗快速繁殖。与温带植物相比，热带植物组织培养进展相对缓慢，到目前为止，仍然有多种植物难以进行组织培养或尚未成功进行组织培养。为了促进热带植物组织培养和快速繁殖的科研、生产和教学，我们组织从事这方面工作的一线研究人员编写了此书。

　　本书分总论和分论两部分。总论部分共8章，包括绪论、植物组织培养原理与植株再生途径、离体快速繁殖技术、植物组织培养实验室的设计与设备、培养基的选择与配制、外植体的选择与消毒、无菌操作与培养管理、组培苗的炼苗与移栽。分论部分共13章，分别介绍木薯、参薯、油棕、剑麻、甘蔗、麻竹、牛樟、香蕉、菠萝、番木瓜、文心兰、铁皮石斛、柱花草的组织培养与快速繁殖技术。总论部分第1～8章由刘进平（海南大学热带作物学院）、陈银华（海南大学热带作物学院）、罗丽娟（海南大学热带作物学院）编写，分论部分第10章木薯组织培养与快速繁殖由朱文丽（中国热带农业科学院热带作物品种资源研究所）、陈松笔（中国热带农业科学院热带作物品种资源研究所）、李开绵（中国热带农业科学院热带作物品种资源研究所）、耿梦婷（海南大学热带作物学院）和陈银华（海南大学热带作物学院）编写，第10章参薯组织培养与快速繁殖由吴文蔷（海南大学生命科学与药学院）、许云（海南大学生命科学与药学院）和黄东益（海南大学热带作物学院）编写，第11章油棕组织培养与快速繁殖由邹积鑫（海南大学热带作物学院）、李东栋（海南大学热带作物学院）编写，第12章剑麻组织培养与快速繁殖由张世清（中国热带农业科学院热带生物技术研究所）和易克贤（中国热带农业科学院环境与植物保护研究所）编写，第13章甘蔗组织培养与快速繁殖由刘丽敏（广西农业科学院甘蔗研究所）、何为中（广西农业科学院甘蔗研究所）、刘红坚（广西农业科学院甘蔗研究所）、李傲梅（广西农业科学院甘蔗研究所）编写，第14章麻竹组织培养与快速繁殖由覃和业（中国热带农业科学院热带生物技术研究所）编写，第15章牛樟组织培养与快速繁殖由陈彧（海南省林业科学研究院）编写，第16章香蕉组织培养与快速繁殖由王甲水（中国热带农业科学院海口实验站）编写，第17章菠萝组织培养与快速繁殖由昝丽梅（中国热带农业科学院南亚热带作物研究所）、张家云（中国热带农业科学院南亚热带作物研究所）、吴维军（中国热带农业科学院南亚热带作物研究所）编写，第18章木瓜组织培养与快速繁殖由周鹏（中国热带农业科学院热带生物技术研究所）、沈文涛（中国热带农业科学院热带生物技术研究所）、黎小瑛（中国热带农业科学院热带生物技术研究所）编写，第19章文心兰组织培养与快速繁殖由谢光明（万泉园艺有限公司）、李秀梅（万泉园艺有限公司）、刘进平（海南大学热带作物学院）编写，第20章铁皮石斛组织培养与快速繁殖由陈彧（海南省林业科学研究院）编写，第21章柱花草组织培养与快速繁殖由罗丽娟（海南大学热带作物学院）、雷健（海南大学热带作物学院）编写。

　　本书的出版得到海南大学作物学世界一流学科建设经费、国家木薯现代农业产业技术体系建设专项基金（CARS-11-HNCYH）和海南省热带作物遗传转化和组培快繁技术工程研究中心建设项目资助。另外，本书在编写过程中参考了国内外一些专著和教材。在此一并表示感谢！

　　本书可供植物组织培养的从业者阅读参考，也可供相关学科的师生进行植物组织培养教学使用。由于编者水平有限，书中错误之处在所难免，敬请广大读者批评指正。

编　者

2020年1月

CONTENTS

# 目 录

# Part 1

第一部分

总论

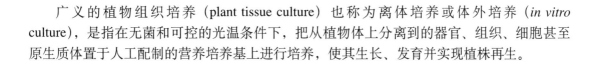

# 第1章

# 绪　论

广义的植物组织培养（plant tissue culture）也称为离体培养或体外培养（in vitro culture），是指在无菌和可控的光温条件下，把从植物体上分离到的器官、组织、细胞甚至原生质体置于人工配制的营养培养基上进行培养，使其生长、发育并实现植株再生。

## 一、植物组织培养的分类

根据培养材料不同，广义的植物组织培养可分为器官培养（organ culture）、组织培养（tissue culture）、胚胎培养（embryo culture）、种子培养（seed culture）、细胞培养（cell culture）、原生质培养（protoplast culture）等。器官培养是指对植物营养器官和生殖器官的培养，包括根（尖）、茎（尖）、芽、叶、节间（茎段）、地下茎、鳞茎类鳞片、鳞茎盘、花序、花瓣、花萼、花冠、花药、花丝、雌雄蕊、子房、果实等。组织培养是指对（茎尖）分生组织、胚乳组织、薄壁组织、输导组织等的培养，以及对由各种外植作诱导形成的愈伤组织（callus）的培养。胚胎培养是指对成熟或未成熟的合子胚进行培养。种子培养可产生无菌实生苗，可提供无菌外植体，兰花等无或少胚乳种子无菌萌发成苗，并可形成原球茎。细胞培养包括从活体组织上分离的分散性较好的细胞（包括花粉小孢子）或微细胞团的培养。原生质培养包括对去掉细胞壁的细胞原生质体的培养及杂种细胞原生质体的培养。

## 二、植物组织培养发展简史

1902年，德国植物生理学家Haberlandt根据Schwann和Schlelden的细胞学说，提出细胞全能性理论（totipotency theory），认为植物器官和组织可以不断分割，直至形成单个细胞；细胞在适当的条件下，具有发育成完整植株的能力。并且首次尝试对野芝麻（Lamium purpureum L.）、凤眼莲（Eichhonia crassipes Solms）、腺毛肺草（Pulmonaria mollissima Kern）、虎眼万年青（Orthithogalum L.）等植物进行组织培养，虽然未能成功，但开创之功不可埋没。

1904年，Hannig以萝卜和辣根的成熟胚进行培养，并萌发成苗。1933年，李继侗和沈同利将银杏胚乳提取物加入培养基，成功地对银杏胚进行培养。

1934年，White对番茄离体根（根尖）继代培养获得成功，建立了一个活跃生长的无性系或克隆（Clone）。此后，他在1937年发现B族维生素对离体根培养具有重要作用，发明第一个包含N、P、K等各种营养元素的人工合成基本培养基（White培养基）。

1941年，Overbeek将椰子汁加入培养基，成功地培养了曼陀罗的心形期幼胚。自此，椰子汁因含有细胞分裂和生长的活性物质而广泛地应用于植物组织培养。

Skoog、Miller和我国科学家崔澂在20世纪40年代末至50年代，通过对烟草茎段和髓培养及器官形成，提出了化学（激素）调控学说，即发现改变腺嘌呤（及后来发现细胞分裂素）和生长素比例可以控制根和芽的发生。

1958—1959年，美国科学家Steward和德国科学家Reinert分别从胡萝卜细胞培养诱导获得胚状体，并形成新植株，从而证实了细胞全能性理论。

20世纪60年代植物组织培养发展迅猛。1960年和1964年，Morel提出茎尖培养技术，并利用兰花茎尖培养对兰花进行无性快速繁殖。1962年，Murashige和Skoog提出最著名的Murashige和Skoog培养基（MS基本培养基），也有人称之为"万能（用）培养基"，目前使用的培养基有90%以上为MS培养基。1964年，印度人Guha和Maheshwari利用曼陀罗花粉培养获得第一例单倍体植株，开创花药培养获得单倍体技术。另外，Cocking等（1960）试验用酶法分离番茄幼根原生质体，取得成功。

1970年，Power等成功实现原生质体融合。1971年，Takebe等报道烟草原生质体培养获得再生植株，证明去壁的原生质体也具有全能性。1972年，Carlson通过原生质体融合获得两个粉蓝烟草和长花烟草的体细胞杂种。1975年，Kao和Michayluk发明用于原生质体培养的KM培养基。

此外，我国科学家罗士韦、朱至清等对植物组织培养技术的发展也做出了重要贡献，尤其是在重要农作物的花药培养和原生质体培养方面，取得了许多令人瞩目的重要进展和成就。

## 三、植物组织培养的应用

目前，植物组织培养技术作为植物生物技术的一个重要组成部分，已成为许多其他生物技术的基础，如遗传转化等。以下就离体快速繁殖和脱毒种苗生产、大规模植物细胞培养生产植物次生代谢物、植物遗传转化和突变体筛选、在作物遗传改良其他方面的应用、理论研究等几个方面加以说明。

### （一）离体快速繁殖和脱毒种苗生产

离体快速繁殖（*in vitro* rapid propagation）也称为离体繁殖（*in vitro* propagation）、离体营养繁殖（*in vitro* vegetative propagation）、离体无性（系）繁殖（*in vitro* clonal propagation, *in vitro* asexual propagation）和微繁殖（micropropagation）等，国内也称之为工厂化繁殖，是指利用植物组织培养技术，在离体条件下对植物进行营养繁殖。微繁殖是过去30年中发展起来的一项技术，也是植物组织培养应用最广、最多和最有成效的一个方面，目前已经对130个属的近1 000种植物种类进行了微繁殖，创造了巨大的经济效益，其中最主要是花卉观赏植物，已经进行微繁殖的有近80个属的450种植物，其次为果树林木、蔬菜和农作物等。与常规的有性繁殖和无性繁殖相比，微繁殖可以在短期内，利用少量外植体或起始材料，在较小的空间内快速生产，具有小型、高效、高产、高经济效益等特点，并可加速优良品种、新引入品种和良种材料的繁殖推广过程，缩短打入市场所用的时间。微繁殖的另一个优点是在超净环境下繁殖和保存苗木，具有无病、无毒、无虫害等优点，便于种质交流。

利用植物茎尖或分生组织培养可进行脱病毒种苗生产。植物病毒有500种以上，在农、林、园艺作物上都有发现。而且每一种作物遭受多种病毒的侵染，如马铃薯和苹果受侵染病毒多达30余种，柑橘达20余种，菊花约19种。病毒病的发生，轻则使作物减产、降低品质，重则无产无收。植物病毒会通过无性繁殖或营养繁殖向下一代传递，而且植物病毒会逐代累积，使病毒病的危害逐代加剧。植物分生组织生长旺盛，细胞分裂速度快，病毒分裂和扩散赶不上分生组织细胞的分裂速度，因此，植物病毒在茎尖分生组织就很少分布。但是分生组织培养所采用的茎尖外植体小（带1～2个叶原基，长0.2～0.4 mm），培养难度大，因此常用热处理结合茎尖培养（先进行热处理，然后切取茎尖培养）。这样可结合两者的优势，培养用的茎尖外植体可略大一些，提高了茎尖培养的成功率。目前，包括马铃薯、香蕉、草莓、葡萄、大蒜、百合、菊花等植物均可进行脱毒苗生产。

理论上讲，组织培养可生产人工种子（artificial seed）。用人工种膜胶囊包裹能发育成植株的一个培养物、组织块或器官，称为人工种子。虽然人工种子比组培苗理论上有优势，人工种子生产速度快、数量多、效率高；人工种子内可加入农药、菌肥或有益微生物及激素等，改善和调节植物的抗逆能力和生长发育；人工种子操作方便，便于运输、贮存及机械化作业，节省劳动力和生产成本。这对快繁苗木及人工造林等方面具有很大的应用优势。但目前这方面的研究进展离实际应用仍有一段距离。

### （二）大规模植物细胞培养生产植物次生代谢物

植物体中含有大量有用的次生代谢物质，从化学结构方面可分为生物碱类、黄酮类、酚类、甾体类、萜类、蛋白质；从用途方面可分为药用成分、食品颜料、调味物质、植物油、甜味料及农业化学物质如杀虫剂等。从化学结构上讲，次生代谢物是一类结构多样的化合物，其生物合成也仅限于微生物、植物或少数动物种群，而且人工合成代价昂贵，即使是能够人工合成的次生代谢物也必须经过严格检验才可商品化生产。目前，此类物质的商业化生产主要通过野生或人工栽培。这些植物一般自然生长在热带或亚热带区域，易受病害、干旱、开垦种植其他作物或政治原因等影响供给。近年来又由于自然环境的人为破坏、热带生境的锐减、无计划地采挖，珍稀濒危植物不断增加，加之这类作物从种植到收获需要数年时间，选择高含量的株系是一个缓慢的过程，而药用植物需求量日益增大，资源问题十分突出。利用大规模细胞培养进行植物次生代谢物生产，不仅可以解决上述供求矛盾，也是保护生物多样性（主要是药用植物多样性）的一个有效途径。细胞培养生产植物次生代谢物的优势在于：①在室内工厂化生产，排除病虫害和微生物的干扰，不受地区、季节、气候、土壤、病虫害或政治因素的影响，可更好地满足市场的需要；②生长条件和生长因子可以控制，可通过控制和调节植物细胞生长的环境条件，达到最适生产条件，以求降低生产成本，提高效率；③可采用类似于微生物体系来对株系进行品种改良；④植物细胞培养除了可以生产原植物本身含有的天然药物外，还可通过生物转化生产原植物没有的或化学合成中得不到的化合物。另外，可通过细胞筛选等手段，获得高于整株含量的水平。

### （三）植物遗传转化和突变体筛选

植物遗传转化可以培育转基因品种，既可以产生自然界原本不存在的新性状，也可以将植物作为生物反应器生产某些活性蛋白质和次生代谢物。植物转基因技术中的基因受体通常有体外培养材料和活体材料两类。利用体外培养材料如器官外植体、未成熟胚、分生组织、愈伤组织、原生质体、悬浮培养细胞、小孢子和卵细胞等作为基因受体，通过组织培养和植株再生来实现遗传转化，仍是目前最主要的方法。此外，使用活体材料如完整植株、种子或花粉等作为基因受体，以及利用花粉管通道法、花粉粒浸泡法或子房注射法等直接将外源基因导入受体植物也取得了成功。基因受体系统的选择要求受体具有高频再生能力、较高的遗传稳定性（体细胞无性系变异发生率低）、对筛选剂或检测剂如抗生素选择培养的敏感性高（筛选培养基中加入一定量的筛选剂可抑制非转化细胞的生长分化，但不影响转化细胞的分化和再生）、对农杆菌的敏感性高、单细胞或少数细胞起源的植株再生途径（如不定芽或体细胞胚胎发生途径，转化体是嵌合体的概率较低）等。其中限制基因转移的首要因素当属受体的再生能力，因为建立高频植株再生体系是植物基因转化的一个重要条件，但是其他因素在不同程度上以不同方式影响植物基因转化的有效性。可以这样说，不少植物难以进行转基因实验，是因为没有获得高频植株再生体系。因此，加强对植物组织培养的研究，对以其为基础的其他生物技术的发展意义重大。

近30多年的发展表明，细胞、组织和器官培养可诱导形成有价值的变异，即体细胞无性系变异，并成功地用来育种。利用植物组织培养进行突变体筛选，实质是利用体细胞无性系变异（somaclonal variation）来扩大植物突变谱。体细胞无性系变异是指在组织培养植株上表现出来的变异，有时也指培养物（细胞或愈伤组织等）表现出来的变异。植物组织培养研究者很早就发现经组织培养后再生植株上的变异现象，变异率可以高达30%～40%，有时甚至高达100%，某一具体性状的变异率在0.2%～3.0%。组织培养结合利用诱变手段（如秋水仙素处理）可进一步增加再生植株的变异范围和变异率。体外选择所采用的培养类型有原生质体培养、细胞悬浮培养、愈伤组织培养和器官化培养（分生组织及丛生芽培养、高度器官发生的外植体培养、体细胞胚及孤雄胚培养等）。体外选择可以在培养基中加入特定的选择剂（如较高的盐浓度以选择耐盐突变体，或使用病原菌的毒素或培养滤液选择抗病植株）或改变培养条件（如增加温度选择耐高温突变体）来进行。

### （四）在作物遗传改良其他方面的应用

除转基因育种和突变体筛选外，植物组织培养还可用于体外种质保存和无检疫种质交换，利用4℃左右低温贮存或液氮（-196℃）超低温保存等技术，可将芽、茎尖、分生组织、茎段、离体胚、愈伤组织、胚性细胞、原生质体、花粉等培养物进行离体保存。利用植物组织培养技术对种质进行体外保存，所占空间小，保存费用低廉，又可排除病虫害及植物病毒的侵染，当生产上需要时可立即进行快速离体繁殖。

　　花药培养可诱导获得单倍体植株。单倍体在植物育种中有重要的应用价值，单倍体诱导常与染色体加倍技术相结合，既可直接从中选出具有优良性状的个体，繁育成新品种，也可选出具有单一优良性状的个体，作为杂交育种的原始材料。单倍体在育种上的优势在于可迅速地使基因纯合化，缩短育种周期；排除显隐性基因干扰，有利于进行突变体的选择；对于多倍体植物而言，在低倍性基础上进行倍性操作尤为便利；对远缘杂交 $F_1$ 代花粉培养和染色体加倍，产生包含双亲染色体的双二倍体或包含部分双亲杂染体色的新类型；利用单倍体（细胞或植株）进行异源染色体或基因转移、突变体诱导与筛选、原生质体分离和融合，可以使目的基因易于表达，具有不受嵌合体干扰等二倍体无可比拟的优势；某些雌雄异株植物雌雄株性状差异大，雄性植株具有生产优势，如石刁柏（*Asparagus officinalis*）的雄株要比雌株产量更高，且更早产，那么单倍体加倍可产生雌株和超雄株，两者杂交后全部都是雄株，而超雄株又可通过组织培养快速繁殖。花药花粉培养目前是人工诱导产生单倍体植株最重要的手段。另外，利用未受精子房或胚珠培养也可诱导某些植物如甜菜的卵细胞发育成单倍体植株。

　　植物去细胞壁的原生质体培养除更有利于进行离体诱变、离体选择、遗传转化外，在此基础上进行的原生质体融合或体细胞杂交，还可突破生殖隔离和杂交不亲和性障碍，实现远缘遗传重组，创造新的遗传型，转移抗逆性状，改良作物品质，获得四倍体和不对称杂种（核融合后并非所有的染色体都能结合的杂种）等。

　　此外，离体受精或体外授粉可克服远缘杂交不育和生殖障碍，胚培养与远缘杂交相结合，可挽救正常情况下不能发育的杂种胚，胚乳培养可产生无籽果实的三倍体。

（五）理论研究

　　植物组织培养用于植物生理学、病理学、（比较）胚胎学、细胞与分子生物学等的研究。对培养的单细胞进行生理生化研究比从整株植物研究有不可比拟的优势，因而十分有利于对细胞代谢、各种物质对细胞的作用及细胞反应、细胞分裂、细胞分化发育、细胞相互作用及其分子机理的研究。植物去细胞壁的原生质体培养包含全部遗传物质DNA，且其各项生命活动如蛋白质和核酸合成、光合和呼吸作用、膜系统功能等都仍在进行，在一定的离体培养条件下可再生细胞壁，形成完整的植物细胞。这为研究细胞壁再生、生化物质的亚细胞定位及重要的生化代谢活动具有重要意义。

　　以植物组织培养为基础的转基因技术（包括过表达与反义基因表达）和基因编辑技术在基因和非编码RNA功能鉴定方面具有无可替代的作用。此外，植物原生质体中瞬时基因表达是研究蛋白质亚细胞定位、基因和启动子活性、蛋白质-蛋白质相互作用和信号转导的有效手段。

（刘进平、陈银华、罗丽娟编写）

# 第2章

# 植物组织培养原理与植株再生途径

任何一种技术都基于某种理论或原理，那么植物组织培养作为生物技术的一种，其原理是什么呢？

## 一、植物组织培养理论基础

植物组织培养的理论基础是植物细胞全能性（plant cellular totipotency）。植物细胞全能性是指植物体的每个生活细胞都具有该植物体的全部遗传信息，在特定的离体培养条件下，具有发育成完整植株的潜在能力。实际上，植物组织培养中这种全能性的表达程度受制于植物种类、年龄、外植体类型与生理状态等多种因素。此外，全能性的表达也与植物发育的几个概念，如细胞分化、脱分化和再分化等相关。

细胞分化（differentiation）是指个体发育过程中，不同部位细胞的形态结构和生理功能发生改变，形成不同的组织和器官。脱分化（dedifferentiation）是指分化细胞在特定条件下如体外培养中，从成熟和静止细胞恢复分裂活性，向分生状态逆转和形成脱分化的愈伤组织过程。植物细胞脱分化后形成的主要由薄壁细胞构成的非器官化组织或不定形组织称为愈伤组织（callus）。而脱分化的细胞或组织在特定的条件下，转变成各种不同的细胞类型的过程称为再分化（redifferentiation）。一个分化的细胞可以经历愈伤组织阶段间接再分化，也可以不经历愈伤组织阶段而直接发生再分化。

## 二、植株再生途径

植物组织培养的目标通常为植株再生，而实现植株再生的两种最基本途径是器官发生（organogenesis 或 organformation）和体细胞胚胎发生（somatic embryogenesis）。不论是哪一条途径，都可根据是否经脱分化形成愈伤组织，分为直接器官发生和体细胞胚胎发生两类。

### （一）愈伤组织培养

愈伤组织是指植物细胞脱分化而不断增殖形成的，主要由薄壁细胞构成的非器官化组织或不定形组织。它可以是植物在自然生长条件下，从机械损伤或微生物损伤、昆虫咬伤的伤口处产生，也可在特定的体外培养条件下诱导形成。不同颜色、形态（如表面光滑或突起状）或不同结构（如结构致密或松脆）的愈伤组织可能其再生能力也不同。愈伤组织一般具有结构上的不均一性（异质性），还具有生理和遗传上的不稳定性（或嵌合性），因而在突变体选择中经常使用，但在离体快速繁殖中则尽可能避免。

愈伤组织培养分诱导培养（启动培养）、增殖培养和分化培养3个阶段。

①诱导培养。在诱导培养中，植物基因型、外植体类型、基本培养基和生物调节物质组合都是重要的影响因素。不仅不同基因型诱导愈伤组织的难易程度不同，而且同科的不同属、同属的不同种、甚至同种的不同品种在愈伤组织诱导培养和愈伤组织再生能力上都存在差异。选用外植体时，通常双子叶植物可采用幼嫩的各种外植体进行，而单子叶植物尽可能采用合子胚、幼叶、幼嫩花序、芽或茎尖进行诱导。一般选用盐浓度较高的基本培养基如MS、$B_5$及其改良培养基进行愈伤组织诱导。培养基成分中经常需要调整的是生长调节物质的种类和浓度组合。不同植物类型对外源激素的需求通常有：只需生长素，如单子叶植物；只需细胞分裂素；既需细胞分裂素，也需生长素，通常为较高浓度的生长素和低浓度的细胞分裂素。但也有在不添加任何生长调节物质的基本培养基上可产生愈伤组织。不同生长素类型对愈伤组织的诱导效力也不同，一般活性从强到弱依次为2,4-D、NAA、IBA、IAA，常用浓度为0.01 ～ 10 mg/L。最常用的细胞分裂素为KT和BA，常用浓度为0.1 ～ 10 mg/L。

②增殖培养。继代增殖培养基通常与诱导培养基类似，或适当降低生长调节物质的浓度水平。愈伤组织继代培养时，将大的愈伤组织块切割成小块，然后转接到新鲜的培养基。转接时，愈伤组织块不能太小，太小则不易恢复生长，另外也很容易由于褐化而死亡。另外，继代转接时间间隔不能太久，通常10 ～ 25 d转接一次，太久则也容易褐化死亡。如果想获得悬浮培养细胞，可将结构松脆的愈伤组织转接在液体培养基上，进行振荡培养。

③分化培养。分化培养时，通常是首先诱导成芽，然后切割苗芽进行生根，而不是先形成根后形成芽。这是因为先形成根会抑制芽的形成，同时，芽原基多起源于培养物表层组织，即外起源的，而根原基多发生于组织深部，为内起源的，两者之间通常没有联系，呈现单向极性。多数植物（尤其是双子叶植物）在细胞分裂素（BA、KT或ZT）/生长素（NAA、IBA或IAA）比例高时，有利于芽形成，而在细胞分裂素/生长素比例低时，有利于根形成。另外，分化培养也可通过控制培养基成分与培养条件诱导形成体细胞胚。对于绝大多数的禾谷类作物而言，在含2,4-D的培养基上诱导形成愈伤组织，其后转接到不含2,4-D或含有适当浓度NAA和IAA的培养基上进行分化培养（产生芽或体细胞胚）。分化产生的苗芽通常需要再转到含生长素（NAA、IBA或IAA）的培养基上，进行生根培养。

愈伤组织根据再生能力分为胚性愈伤组织（embryogenic callus，E callus）和非胚性愈伤组织（none embryogenic callus，NE callus）两类。前者是指可通过器官发生或体细胞胚胎发生（根和芽同时发育，拥有共同的维管组织）途径再生植株的愈伤组织，并且这种再生能力可维持相当长的一段时间；而后者是指通过器官发生、体细胞胚胎发生或预先存在的分生组织萌芽途径再生植株的能力很小或没有的愈伤组织。因此，诱导出的愈伤组织需要从形态和颜色上加以鉴别和选择转接。胚性愈伤组织一般呈瘤状或结节状，瘤或结节表面光滑，而非胚性愈伤组织则呈表面粗糙、松脆和透明（或水渍状）。从细胞角度来看，胚性细胞小而圆（等径），细胞核和核仁染色较深，细胞质浓厚，而液泡小、细胞壁厚，代谢活性较强；而非胚性细胞大小形状不等，细胞内容物少（图2-1）。

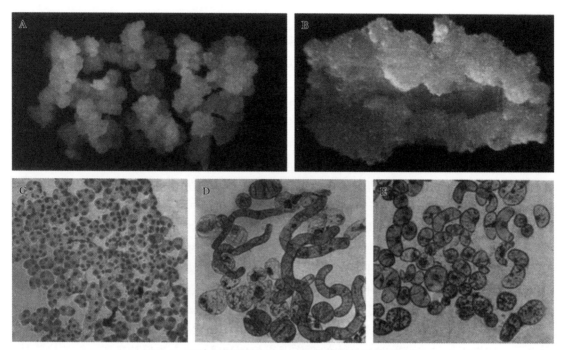

图2-1　胚性愈伤组织和非胚性愈伤组织及细胞的形态

A. 棉花（*Gossypium hirsutum*）品种YZ1的胚性愈伤组织　B. 非胚性愈伤组织

C. 胚性愈伤组织细胞　D、E. 非胚性愈伤组织细胞

（Yang和Zhang，2011）

## （二）器官发生

器官发生是指在自然生长或离体培养条件下形成根、芽、茎、枝条和花等器官的过程，分直接器官发生和间接器官发生两种。直接器官发生是指直接从腋芽、茎尖、茎段、原球茎、鳞茎、叶柄、叶片等外植体上进行的器官发生。间接器官发生则需先经历一个脱分化形成愈伤组织，然后诱导再分化才能进行器官发生。不定（adventitious）器官是指从原本不是这些结构通常起源的部位进行的器官（根、芽等）或体细胞胚胎的发生和发育。如果从原始器官或器官原基上进行的器官发生就不能使用这个术语。图2-2为大聚藻或粉绿狐尾藻（*Myriophyllum aquaticum*）不定芽发生。

器官发生主要包括芽和根的分化两种。一般而言，细胞分裂素和生长素的绝对浓度水平和相对浓度水平控制器官发生类型。不论是直接器官发生，还是间接器官发生，根据Skoog和Miller（1951）的激素平衡假说，当单独采用较强活性及较高浓度的细胞分裂素或与较低浓度的生长素组合时，有利于形成芽，而只含生长素或较高浓度的生长素与较低浓度的细胞分裂素组合有利于根形成（图2-3）。但不同基因及不同外植体类型内源激素水平和对外源生长调节物质的敏感性不同，培养物的具体需求进行单因子或多因子试验来确定。此外，不同的生长素和细胞分裂素强度不同，而且不同生长素的用途也有差别，例如，2,4-D和NOA主要用于诱导愈伤组织形成，而IAA、NAA、IBA主要用于生根培养，或在相对低浓度水平与细胞分裂素结合促进苗芽再生与增殖，也可与细胞分裂素结合或单独用来进行愈伤组织培养。

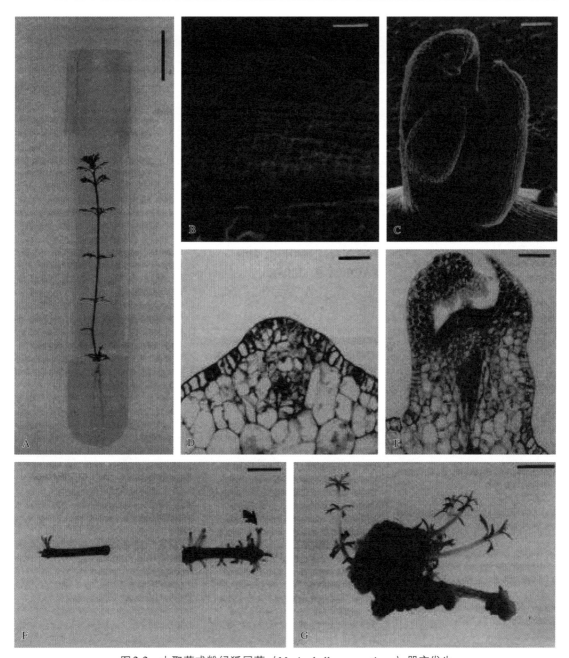

图2-2  大聚藻或粉绿狐尾藻（*Myriophyllum aquaticum*）器官发生

A.2周龄的大聚藻组培苗，取其节间作为外植体（标尺＝20 mm）  B、D.培养2 d后，从10 mm长的节间外植体表皮上直接不定芽发生，产生的不定芽分生组织（标尺＝20 μm）  C、E.培养7 d后产生的不定芽，由中间的顶端分生组织和边缘的很多叶原基组成（标尺＝20 μm）  F.节间外植体培养7 d后在不附加生长调节物质的基本培养基（左）和附加2iP的培养基（右）上器官发生（标尺＝10 mm）  G.在附加2iP和NAA的培养基上培养28 d后，节间外植体愈伤组织上诱导间接器官发生（标尺＝2.5 mm）

（Kane等，1994）

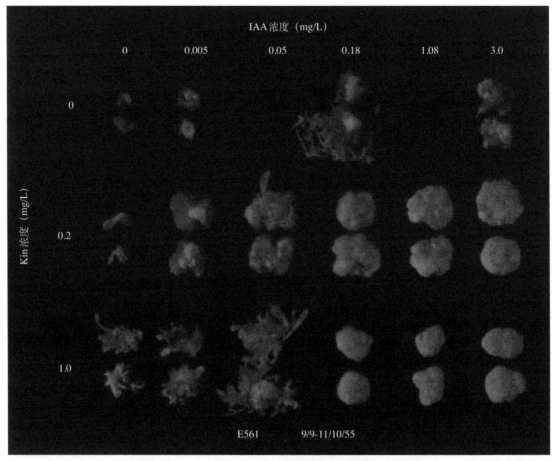

图 2-3　IAA 和 Kin 不同浓度组合对烟草茎段的培养效果

　　随细胞分裂素（激动素 Kin）浓度提高（1.0 mg/L），而生长素（吲哚乙酸 IAA）浓度在 0.005 ～ 0.18 mg/L 时，烟草愈伤组织上形成芽；而当吲哚乙酸浓度为 0.18 ～ 3.0 mg/L 时且激动素不存在时，愈伤组织上诱导形成根

（Skoog 和 Miller，1957）

　　生根培养通常用附加（0.2 ～ 3.0 mg/L）NAA、IBA 或 IAA 等生长素的 1/2 MS 或其他低盐类型培养基（如 WPM 和 White）。对于难生根的木本植物而言，采用两步法生根，即首先在富含生长素的培养基上进行根发生，之后转接到无任何生长调节物质的培养基上进行根的伸长生长。因为生长素虽然在根的诱导阶段时发挥关键作用，但在伸长阶段并非必需。

### （三）体细胞胚胎发生

　　体细胞胚胎发生是指在离体培养条件下，单倍体细胞或双倍体细胞（未经性细胞融合）诱导形成类似合子胚结构的体细胞胚胎，并进一步发育成完整植株的过程。体细胞胚胎发生也可分为直接体细胞胚胎发生和间接体细胞胚胎发生。直接体细胞胚胎发生指从外植体上直接分化体细胞胚胎，而不经历胚性愈伤组织阶段；而间接体细胞胚胎发生是从胚性愈伤组织上间接分化产生体细胞胚胎。组织培养形成的体细胞胚胎（或简称体细胞胚或体胚,somatic embryo)有时称为胚状体(embryoid)、副胚(accessory embryo)、额外胚(supernumerary embryo)和非原生胚(adventive embryo)等。体胚可以是单细胞起源,也可以是多细胞起源。

体细胞胚胎在组织学上有以下3个特征:①体细胞胚胎最根本的特征为两极性(double polarity),即在发育的早期阶段从方向相反的两端分化出茎端和根端,而不定芽或不定根都是单向极性的。②体细胞胚胎的维管组织与外植体现存组织无解剖结构上的联系,即存在生理隔离(physiological isolation),而不定芽或不定根与外植体或愈伤组织的维管组织相联系。③体细胞胚胎的维管组织分布是独立的Y形(或丫字形)结构,而不定芽维管组织则无。体细胞胚胎可以起源于外植体表外层细胞,也可以是外植体组织内细胞、愈伤组织表层细胞、游离的单个或多个单细胞(图2-4)。

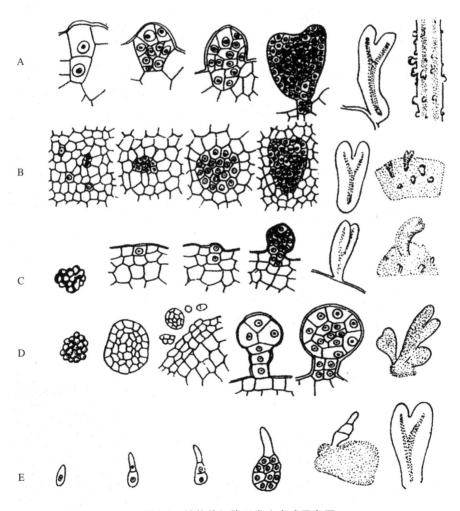

图2-4 植物体细胞胚发生方式示意图

A.外植体表外层细胞直接产生体细胞胚 B.外植体组织内细胞产生体细胞胚

C.愈伤组织表层细胞分化为体细胞胚 D、E.单个或多个单细胞形成体细胞胚

(Johri,1982)

　　以棕榈科植物为例，间接体胚发生可分为愈伤组织产生（callogenesis）、胚性结构诱导（induction of embryogenic structures）、胚 胎 成 熟（maturation of the embryos）和转化（conversion）或完整植株再生4个阶段。愈伤组织产生包括体细胞组织脱分化，进而形成原胚性团块（proembryogenic masses）。胚性结构诱导包括愈伤组织增殖及胚胎发育。胚胎成熟是指胚胎初始结构积累贮藏物质，经过干燥过程，完成胚胎发育，也就是从球形胚向胚芽鞘形胚的发育。转化或完整植株再生是指从体胚中再生获得完整植株（图2-5）。

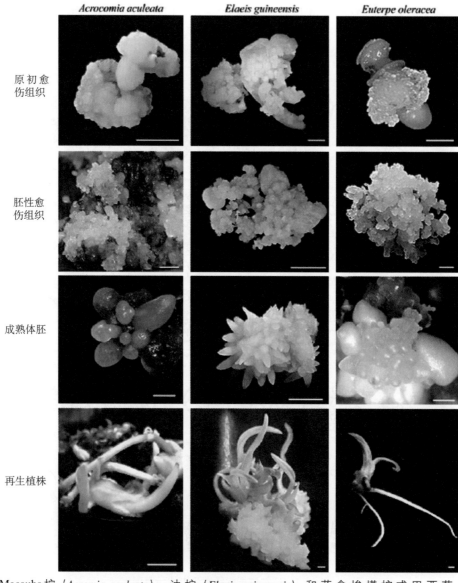

图2-5　Macauba棕（*Acromia aculeata*）、油棕（*Elaeis guineensis*）和蔬食埃塔棕或巴西莓（*Euterpe oleracea*）3种槟榔科植物体胚发生的4个阶段：原初愈伤组织（primary calli）、胚性愈伤组织（cembryogenic calli）、成熟体胚（maturation of somatic em bryos）和再生植株（regenerated plants）（Jiménez，2005；Fehér，2008；Von Arnold，2008；转引自Saleh和Scherwinski-Pereira，2016）

体胚诱导对生长调节物质有不同要求，单子叶植物如玉米、水稻、小麦需加入生长素2,4-D，而大多数植物需要浓度较高的生长素和较低的细胞分裂素配合，但也有一部分植物只需加入生长素、细胞分裂素或不需加入任何激素。Raemakers 等（1995）考察了65种双子叶植物的体胚发生诱导，其中有17种可以在不含生长调节物质的培养基上进行体胚发生，29种需要生长素，25种需要添加细胞分裂素。体胚诱导与继后的体胚成熟和萌发对生长调节物质的需求是不同的，后者需要在不加生长素的培养基上进行，这可能与极性生长素浓度梯度建立有关。除一些植物的外植体可以进行直接体胚长发生外，多数植物需要先诱导形成胚性愈伤组织，然后再转到生长素含量较低或无任何生长素的培养基上进行胚胎发育。生长素诱导体胚发生的活性大小依次为：2,4,5-三氯苯氧乙酸、2,4-D、4-氯苯氧乙酸、NAA、IBA、IAA。57.7%的双子叶植物以及所有单子叶植物在其体胚发生的诱导阶段都使用2,4-D。仅有少数植物，NAA和IBA有利于体胚发生，还有一些植物需要加入毒莠定或百草枯（picloram）才行。细胞分裂素则影响不一。将蔗糖水平从3%提高到6%或更高水平或附加脱落酸有利于体胚成熟。在少数情况下，需要加入赤霉素$GA_3$来诱导节间伸长，促进苗芽的伸长生长等，也可以用来打破离体种子或离体胚的休眠。由于包括脱落酸、乙烯、多胺、茉莉酸、芸苔素内酯、水杨酸、寡糖素、三氮唑等文献报道相对较少，这里从略。

（刘进平、陈银华、罗丽娟编写）

# 第3章

# 离体快速繁殖技术

离体快速繁殖（微型繁殖或微繁殖）的目的是利用植物组织培养技术的特点，实现优良品种或特殊品种的快速无性繁殖，同时又能保持其母株品种的性状。

## 一、离体快速繁殖方式

离体快繁方式包括促进腋芽增殖、单节培养、体细胞胚胎、不定芽发生和原球茎增殖发生5种，一般认为前3种能保证性状稳定传递，为商业化苗木快繁的首选，而后两种需要验证苗木在繁殖过程中的遗传稳定性才宜采用。实际上，不定芽发生和体细胞胚胎发生更广泛地应用于转基因操作和离体选择。主要的离体快繁方法见图3-1。

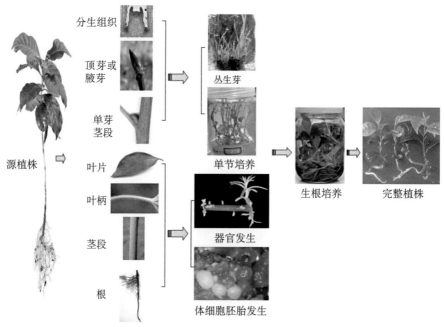

图3-1　主要的离体快繁方法

从源植株采集茎尖分生组织、顶芽、腋芽或单芽茎段可经丛生芽或单节培养途径增殖，然后经生根培养获得完整植株；也可采集叶片、叶柄及茎段和根外植体培养，经器官发生或体细胞胚胎发生途径再生植株

### （一）促进腋芽增殖

促进腋芽增殖（enhanced axillary proliferation）或促进腋芽分枝（enhanced axillary branching），是指对顶芽、腋芽、侧芽、带芽茎段、茎尖（顶）、（茎尖）分生组织培养或生长点（中心）进行培养，初代培养或启动培养通常是首先诱导产生丛生芽（clump, cluslter of shoots或multiple shoots），然后切割芽丛进行继代增殖培养，之后经或不经壮苗培养，切成单芽进行生根培养，以形成完整植株。一般需要在培养基中加入较高浓度的细胞分裂素（不含或含低浓度的生长素），以解除顶端优势对腋芽或侧芽萌发的抑制作用，使腋芽提早萌发或早熟萌发，因此这种培养方式也称为腋芽法（axillary shoot method, axillary bud method）。一般也称为"芽生芽"方法。

这是目前商业组培快繁最常用的方式，原因为：①繁殖速度快。继代增殖培养中，丛生芽被分割成单个苗芽或小苗芽团（芽顶切或不切），转接在新鲜的培养基上继续增殖。这种过程可以无限制地进行下去。草莓采用这种方式增殖，在2周内可增加10倍，一年内一颗草莓母株可产生几百万株（$15^6 \sim 25^6$）的草莓试管苗。实际上，增殖程度受劳动力和设备的限制而达不到这么高。一般作物也可以在1个月内实现5～10的增殖率。②性状能得到稳定遗传。

此外，采用分生组织培养可脱除植物病毒。但茎尖分生组织较小，仅为最幼龄叶原基以上的凸起部分，粗0.1～0.2 mm，长0.2～0.3 mm，较难培养或成活，而且容易脱分化形成愈伤组织而降低遗传稳定性，采用相对较大的茎尖（长0.2～0.5 mm，带1～3个幼叶原基的顶端分生组织）则能克服上述缺点。因此，多采用热处理结合茎尖培养来生产脱毒或无毒种苗。

### （二）单节培养

单节培养（node culture）也称为单芽茎段培养或微型扦插（microcutting）。它是一种简单地利用已经存在的分生组织产生苗芽的培养方式，与传统的扦插法进行营养繁殖极为类似，是指离体培养带一个芽的茎段（单个茎节或微型插条），启动培养使顶芽或腋芽发育成苗（有根苗或无根苗），继代增殖培养时，再将新形成的苗接芽数、节数或叶数分割成单芽茎段进行培养，新形成叶的叶腋中有腋芽，它会同顶芽一样分别发育成苗，如此继续下去，直到达到一定的苗数，然后进行生根和移栽。如果在启动和增殖培养中芽和根都发育较好，可省去生根培养阶段。单节培养实质上也是一种腋芽增生。

这种方式适用于在组织培养中对细胞分裂素促进腋芽增生反应不佳的植物，比如马铃薯、木薯、甘薯、葡萄、梨、枣、桉、咖啡、玫瑰、黄瓜、茄子、番茄等顶端优势较强的植物。该法一般不需要添加细胞分裂素，不加或加入少量生长素，不仅腋芽得到发育，有时也会产生较好的根。这种微繁殖方式的增殖速度同其地方式相比并不高，增殖率依赖于每一次继代培养结束时的有效芽数（或节段数），一般为4～6周内增殖3～5倍。但该法较为简单，步骤少，遗传稳定性好。

### （三）不定芽发生

不定芽（adventitious shoot）是指不是从植物叶腋或苗端产生，而是从根、叶等组织器官表面、切口或诱导产生的愈伤组织上产生的芽。换言之，不定芽就是从原本不是芽起源的部位产生的芽。不定芽发生也可分为直接不定芽发生和间接不定芽发生两种。前者指不经愈伤组织阶段,直接从组织器官及其片段产生不定芽;后者指先诱导形成愈伤组织,然后再分化形成不定芽。不论是直接不定芽发生还是间接不定芽发生,均应先诱导成芽,然后切割苗芽进行生根,而不是先形成根后形成芽。直接不定芽发生通常是外植体表面某些部位细胞重新分裂,形成分生细胞团,然后分生细胞团分化形成芽原基。多数植物(尤其是双子叶植物)在细胞分裂素(BA、KT或ZT)/生长素(NAA、IBA或IAA)比例高时,有利于芽形成;而细胞分裂素/生长素比例低时,有利于根形成。

叶片、鳞片、叶柄、茎、块茎、根等外植体来源丰富,再生能力较强(指双子叶植物),利用它们的切段培养时,可实现不定芽发生,此外幼嫩花序、花序轴、花柱、花球、花丝、雄蕊、花瓣、萼片、花托、花轴、胚珠、珠心、珠被、子房壁、果皮或其切段也是良好的外植体。合子胚、合子胚切段、种子、种子碎片、胚轴、子叶也可能是一种选择。用直接不定芽发生方式可实现较快繁殖,但不是所有基因型都可进行不定芽发生,相对而言,外植体更易诱导形成根。此外,利用直接不定芽发生途径再生植株可能会丢失嵌合体,如从色彩斑驳的叶片再生纯色的不定芽。经愈伤组织途径还可能因长期继代丧失再生能力,或产生较高频率的体细胞无性系变异。

### (四)体细胞胚胎发生

体细胞胚胎发生也分为直接体细胞胚胎发生和间接体细胞胚胎发生。体细胞胚胎既可直接从器官外植体上产生(直接体胚发生),也可在愈伤组织上产生(间接体胚发生)。增殖培养可以是通过胚性愈伤组织增殖培养实现,也可通过体细胞胚胎形成次级胚方式实现。能通过体细胞胚胎发生途径再生植株的植物目前已多达50多个科、180多种植物,其中包括被子植物几乎所有重要的科及一些裸子植物。在被子植物中,双子叶植物的多种木本植物可进行体细胞胚胎发生,单子叶植物则主要是草本植物,只有禾本科、芭蕉科、棕榈科等3科约10属植物可进行体细胞胚胎发生。裸子植物有松科、杉科、柏科、银杏科、南洋杉科、红豆杉科、买麻藤科等植物可经体细胞胚胎发生再生植株。

影响热带植物体细胞胚胎发生最主要的因子有外植体来源、类型和发育阶段及外植体与培养基的相互作用。外植体来源有成熟植株器官、合子胚及实生苗器官3种。成熟植株器官体细胞胚胎发生比较困难的植物如鳄梨、可可用合子胚作外植体,而木瓜采用实生苗器官作外植体。不同的热带植物类型,能够进行体细胞胚胎发生的外植体类型差异较大,如柑橘属、芒果、拟爱神木、蒲桃属、枇杷和橡胶采用珠心作外植体;香蕉和大蕉可用幼嫩花序、幼叶等作外植体;椰子采用幼嫩花序和合子胚部分作为外植体;枣椰和桃棕榈采用茎尖等作外植体等。

通过体细胞胚胎发生,可以在一个外植体上产生大量的体细胞胚,而利用液体培养则可以进行大规模体细胞胚胎发生。此外,如果将胚性愈伤组织保持在生长素浓度较高的培养基上而不转接到低或无生长素的培养基上进行体胚发育,则有可能通过重复、循环或次级体胚发生(recurrent embryogenesis, repetitive embryogenesis, accessory embryogenesis, proliferative or secondary embrygenesis)进行增殖。

诱导体细胞胚胎发生的最常用的基本培养基为MS或1/2大量元素的MS培养基,最主要生长调节物质为单独使用2,4-D(或其他的合成生长素如DIC)或与BA、2iP、KT等细胞分裂素配合。转接到含生长素或不含生长素的培养基上，可进行体细胞胚胎发育。

（五）其他

对于兰花等植物而言，茎尖、茎尖片段或侧芽培养会形成原球茎结构，原球茎（protocorm）是基部带有根状体的小球状结构，形态结构上与种子萌发时胚形成的原球茎相似，实质相当于非合子胚（体细胞胚）。将这些原球茎切成数块后继代培养，每一块又会形成若干个原球茎。另外，兰花种子无菌萌发及其他器官外植体如叶片切段培养也可诱导出原球茎。原球茎增殖到一定数量，可在适当降低细胞分裂素和增加生长素的培养基上分化小植株。目前，除兜兰以外的各种兰花几乎都有可进行离体无性繁殖。利用顶芽或腋芽诱导原球茎时，茎尖大小应在 1.5 cm 以下，通常为 5 ～ 10 mm 长。太大的茎尖外植体不能形成原球茎，只能形成植株。

某些植物的变态茎如鳞茎、球茎、块茎等，在组织培养过程中通常会形成相应的变态器官。百合、兰州百合、卷丹、华西贝母、漳州水仙等植物的鳞片、鳞片切段、鳞茎盘等外植体在细胞分裂素浓度较高而生长素浓度较低的培养基上可直接分化出小鳞茎。继续培养，小鳞茎可抽叶成苗并生根，形成完整植株。形成小球茎的植物如海棠叶柄在适当的培养基上培养时，会在叶柄切口两端及中部表面不经愈伤组织直接形成球茎，继续培养可发育成完整植株。马铃薯可在离体条件下诱导形成的微型薯（块茎）。微型薯（块茎）会从匍匐茎或腋芽直接发育形成。花叶芋叶片和叶柄培养也会形成小芋块（块茎），随小芋块的增大，会分化出密集的小芽，随后形成根。对于蕨类植物，可以采用成熟或未成熟的孢子进行培养，也可以采用茎或根状茎进行培养，而且后者繁殖速度优于孢子培养。

## 二、离体快速繁殖的阶段

离体快速繁殖通常划分为无菌培养的建立（启动培养）、苗芽增殖培养、生根壮苗培养和炼苗移栽 4 个阶段。第一阶段为无菌培养、启动培养或起始培养，是将分生组织、茎尖或其他外植进行表面消毒、切割、分离和接种，产生无菌的新生苗芽（愈伤组织或胚状体等）。第二阶段主要目的是对苗芽（或愈伤组织块、胚状体等）进行数量上的扩大繁殖，并尽可能保持遗传稳定性。第三阶段是苗芽伸长及根的诱导和发育。第四阶段是将得到的将完整植株向温室和大田的土壤进行移栽。上述划分并非绝对，离体快速繁殖阶段的划分与植物种类和离体快速繁殖方式有关。

有的植物可以将第三和第四阶段结合起来，如瓶外生根技术。瓶外生根（ex vitro rooting）是指将未生根的苗芽清洗后，直接转接到非离体环境下的基质中去生根，并同时加以炼苗。这种生根方法与瓶内或离体生根要比，有一定的优势：瓶内生根的植株，根缺乏维管形成层，没有根毛，维管连接和次生加厚未发育，因此瓶内生根苗的根的功能不全，影响其移栽存活率；瓶外生根苗的根则结构和功能更完善，同时，由于省去瓶内生根步骤而降低离体快速繁殖的时间和经济成本。

（刘进平、陈银华、罗丽娟编写）

# 第4章

# 植物组织培养实验室的设计与设备

由于植物组织培养与离体快速繁殖的技术特点（如严格无菌环境、最优光温培养环境等），植物组织培养实验室和组培工厂需要进行专门的设计，并且配置特殊的设备。

## 一、植物组织培养实验室的设计

植物组织培养一般包括玻璃器皿的洗涤、培养基的配制、灭菌、植物材料的消毒与接种、培养、鉴定和观察、移栽等多个步骤，因此，标准的植物组织培养实验室应该包括以下几个功能单位：①洗涤室；②贮存室；③灭菌室；④培养基配制室或化学实验室；⑤接种室；⑥培养室；⑦研究室或观察与鉴定室；⑧温室或苗圃。其中核心部分的至少应包括通用实验室或准备室（由上述①、②、③、④合并）、接种室或无菌操作室、培养室3个单元（图4-1）。具体实验室的规模与设计要受到工作性质和投资的限制，可以在核心部分的基础上增减。如果设计规模较大的组培工厂，则除上述8个单元外，还应有各种功能的办公室。

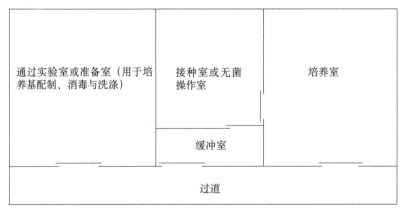

图4-1 植物组织培养实验室的3个核心单元

由于植物组织培养几乎全过程都离不开水、电等基本生产要素，所以在选择实验室建设位置时应首先保证水电的供应。其次，为节省能源、充分利用自然光，实验室应向南建筑，使采光面积和时数达到最大。对于商业性实验室，交通条件是否便利也应该是一个考虑因素。在植物组织培养实验室具体设计时，应遵守以下几个原则：

①植物组织培养的全过程要求严格的无菌条件和无菌操作，因此首先应尽量避免或减少污染机会。设计时应该在房间入口处设置封闭的走廊或过道，主要入口处装设有双层滑动玻璃门，中间安排更衣间或简单配备衣架或挂钩。实验人员进入后应先关闭最外层滑门，更换衣服后，打开第二层滑门进入，两个滑门不能同时打开。接种室和培养室应装备紫外线灯以供杀菌。

②植物组织培养一般需要光照和控温，为节省能源，应充分利用自然光，窗户采光面积应尽量大，而且应装有双层玻璃，一则减少风沙、灰尘和昆虫进入室内造成污染，二则可以保温。在装备空调、电扇或暖气等控温设施时，应尽量使温度控制有效，房间内温度均匀。

③植物组织培养过程中，玻璃器皿的运输和转移较多，为了方便，一般实验室以单层房间布置，各室之间内有夹门或封闭过道，便于各室之间方便地转移玻璃器皿或培养物。各室的安排宜有一定顺序，如按洗涤室、贮藏室、培养基配制室、灭菌室、接种室和培养室这样的顺序布置。

④植物组织培养实验室应装备消防火栓、报警装置等，以保证运行过程的安全。为实现植物组织培养的目的、保证各个环节的顺利进行，需要对实验室各个房间进行合理的配置，赋予各自不同的功能。

## 二、植物组织培养实验室的配备

### （一）洗涤室

洗涤室主要对组织培养用的玻璃器皿、塑料器皿和其他实验用具进行清洗。清洗要达到化学实验所要求的洁净程度，以免污垢或残留物影响实验结果或培养效果。地面要光滑坚硬，一般打磨的水泥地板即可。另外，要求有很好的排水设施。

洗涤室要配备自来水管、水池、水槽、盆、工作台，及各种清洗器具的洗涤试剂，如洗衣粉、重铬酸钾洗液、稀盐酸等。为了保证玻璃器皿的洁净干燥，还需要试管晾干架、电热鼓风干燥箱（烘箱）等，对待用的玻璃器皿或不易干燥的移液管、吸管、滴管等加热烘干。国外实验室还有专门的洗涤机器。

清洗玻璃器皿的洗涤剂除常有的洗衣粉、洗洁精、肥皂外，可自行配制铬酸溶液。铬酸溶液可配制成稀铬酸液、强铬酸液和饱和铬酸液3种。稀铬酸液可先将重铬酸钾50 g溶于1 000 mL蒸馏水中，待其冷却后，缓慢加入工业硫酸90 mL配制而成；强铬酸液可将10 g重铬酸钾溶于20 mL蒸馏水中，冷却后加入浓硫酸175 mL配制；饱和铬酸液将10 g重铬酸钾溶于20 mL蒸馏水中，冷却后缓慢加入浓硫酸，同时缓慢加入研碎的重铬酸钾至饱和。洗衣粉、洗洁精用于一般玻璃器皿的洗涤，铬酸溶液用于污染的玻璃器皿洗涤。杂菌污染的玻璃器皿需先高温高压灭菌30 min，再进行常规清洗，之后用铬酸溶液浸泡2 h以上，再用自来水和蒸馏水漂洗。新的玻璃器皿则需在使用前用1%稀盐酸浸泡12 h以中和可能含有的碱性物质，然后再常规清洗。

## （二）贮存室

贮存室用以对各类器皿和用具的存放和保管。由于植物组织培养需要较多的玻璃器皿，而且生产中使用数量有一定的周期性，宜用专门房间贮存，以免破损、脏污。贮存室应保持清洁干净。

贮存室应配备各种规格的货架、货柜、玻璃柜、塑料筐等。

## （三）培养基配制室

化学实验室主要用来完成培养基配制的各个环节的工作，如药品的称量、溶解、培养基的配制和分装等。当然其他各种试剂和培养基母液的配制和保存，以及生理生化方面的研究和分析等工作也可在该室进行。

化学实验室要求有较大的平面工作台或实验台，其高度应适宜站立操作。低温和超低温冰箱或冰柜用以贮存各种母液、植物材料、酶液和其他常温下不稳定的试剂。还需要配备各种橱架、药品柜及化学药品；用于称量、溶解、盛装培养基及其母液成分的各种型号的玻璃器皿或塑料器皿（组培用罐头瓶、三角烧瓶、试管、培养皿、广口瓶、细口瓶、试剂瓶、量筒、量杯、容量瓶、吸管、烧杯、称量瓶、滴瓶、培养基分注器或漏斗等），各种型号的天平（要求精度在0.000 1 g或以上）和称量器具，称量纸（蜡光纸、硫酸纸），药匙，毛刷，卫生纸等。调整培养基或其他成分酸碱度的酸度（pH）计或pH试纸。用于促进溶解的电炉、电磁搅拌器等。还要配备蒸馏水器、离子交换系统或其他过滤渗透系统，用以制备蒸馏水、重蒸馏水和去离子水。

常温保存的化学试剂包括无机物（大量成分和微量成分）、蔗糖、酸、碱、酒精及琼脂等；宜在0℃以上低温（4℃）保存的化学试剂主要是有机物（氨基酸、维生素、生长调节物质）和培养基成分母液；−20℃保存的试剂包括液体抗生素、酶等。

## （四）灭菌室

灭菌室用于对培养基、玻璃器皿及接种工具的灭菌。灭菌室内应装备水、电等有关设施。墙壁宜防潮湿、耐高温。南方可在室外搭可遮雨的凉棚，用于培养基大规模灭菌。

一般采用医用或微生物研究用的手提式高压蒸汽灭菌锅，或大型的立式、卧式高压灭菌锅（手动、半自动或全自动）进行灭菌。另要配备手推车（用于运送灭菌培养基）、钟表和计时器。

## （五）接种室

严格的无菌条件是植物组织培养成功的关键因素。接种室应该保证洁净、无菌，因而要求墙壁、地面及天花板光滑无缝，以免灰尘和微生物的累积。窗户宜采用双层玻璃密封，防止昆虫、灰尘和微生物的进入。接种室入口处宜设计缓冲室或预备室，在进入灭菌接种室之前，应在缓冲室或预备室中更换经清洗干净且经紫外线照射灭过菌的工作服、工作帽、口罩和拖鞋。接种室应安装空气调节装置，通风换气必须依靠空调进行。在接种室和缓冲室上方安装紫外线灯用于照射灭菌。操作前可用紫外线灭菌20 min。

接种室要求配备单人或双人超净工作台，及接种用的酒精灯、各种医用镊子、剪刀、手术刀、接种针、过滤灭菌器、软木打孔器、贮藏70%或75%及95%酒精或酒精棉球的广口瓶、试管架、载物台及手推车（用于放置与运送培养瓶）等工具。超净工作台原用于半导体元件和精密仪器仪表的装配，现已作为无菌操作装置，广泛用于微生物实验和组织培养中。超净工作台要求放置在洁净和空气对流小或无的房间，并定期清洗过滤膜。另外，在使用前，可用超净工作台配备的紫外线灯灭菌20 min；超净工作台开启10 ～ 15 min后可进行无菌操作。

### （六）培养室

培养室用于对植物组织、器官、细胞或原生质体等外植体进行的各种形式和方法的培养。培养室不仅要求清洁卫生，还要求保温和隔热效果好。窗户用双层玻璃，以利于隔热保温，还可防止灰尘和昆虫及微生物的进入，达到清洁效果。

培养室要配备分层培养架用于一般培养物的培养。培养架一般高2 m，分6层，每层高度为30 cm，宽60 cm。培养架的每层用2支40 W日光灯管（灯管距上层玻璃4 ～ 6 cm，两灯管相距20 cm）作光源，对于昼夜光照周期控制，可用自动计时器实现。液体培养需要采用摇床、转床等特殊设备。对于要求温度过高或过低，以及光照、温度、湿度要求严格的培养，可以在光照培养箱中进行。黑暗培养要用专门的暗室、暗箱或培养箱。通常为了达到培养所需的各种光照、温度、湿度、空气等条件，要在培养室装有监测这些条件因子的仪器（如温度计、湿度计、照度计，或自动监测记录温度、湿度的装置等），用于控温的空调、加热器、暖气、制冷机及控湿的恒温恒湿机、除湿机等。

### （七）研究室

研究室用来对培养材料及培养后结果的观察、鉴定、记录和分析。要求清洁、干燥、明亮，保证光学仪器不受潮湿的影响。

一般要配置记录本、照相或录像设备，用以记录观察结果。研究性实验室还要配置高倍显微镜、倒置显微镜、实体显微镜、恒温箱、切片机、烤片台、恒温水浴、滴瓶、载玻片、盖玻片等制片设备，用于细胞学观察。有条件的实验室还需配置流式细胞仪，用于细胞的核酸、蛋白质等指标测定。

### （八）温室、荫棚和苗圃

温室用来对培养的再生植株的炼苗和移栽。温室可以是简易的单坡或双坡塑料大棚，也可以是钢架、玻璃或塑料采光板建造的多功能温室。温室要求配备育苗盘、营养钵、营养袋、培养槽、花盆等培养装置及蛭石、草炭、花风岩、珍珠岩、椰糠、沙、土等基质，及有机或无机肥料等。另外还要配备有遮阳（或阴）网、防虫网、自来水、喷灌、喷壶等洒水装置。

在南方温度和湿度较高的地区，重点是遮挡强烈的阳光，因此，配备喷雾装置的荫棚，也具有温室的功能，而且造价更低。

一旦组培苗炼苗成功（移栽后根系发育良好，并长出新枝新叶），就可以栽培在无遮挡的苗圃中。

## 三、植物组织培养实验室的维护

在组培工厂生产管理和植物组织培养实验室管理中，安全管理和维护应该放在第一位。如果不注重安全管理，经常会发生一些事故，轻则造成财产损失，重则危及生命。

### （一）高温高压灭菌锅

高温高压灭菌锅是影响组培工厂及植物组织培养实验室安全最重要的设备，其日常维护应做到位，日常使用必须严格按操作规程进行。灭菌器的使用应由经培训合格的人员操作，整个灭菌过程应由专人看管。尤其值得注意的是，每周在夹层有压力时拉动安全阀手柄数次，以确保安全阀工作正常，以防蒸汽压力超过额定压力，使锅体爆炸破裂；灭菌完成后，必须关闭电源，放完锅内的蒸汽，使压力下降为零时开启锅门，切忌强行开门，以防高压蒸汽对人体和设备造成危害。连续使用时间应小于 8 h/d，使用一年之后，每年要请有资质的检测部门做一次全面系统的检查，超过使用寿命后应该及时报废。

### （二）用于实验室消毒的消毒剂

用于实验室消毒的常规消毒剂包括紫外线、甲醛和高锰酸钾、新洁尔灭（苯扎溴铵溶液）等。

1. 紫外线　紫外线波长在 100 ~ 400 nm。紫外线之所以能够灭菌，是由于它能引起细菌或病毒的遗传物质 DNA 和 RNA 的结构变化，包括碱基损伤（如丢失与改变、单链或双链断裂与交联）及各种光产物的形成等，从而影响 DNA 复制、RNA 转录和蛋白质的翻译，导致病菌或病毒死亡。另外，紫外线辐射所产生的臭氧和多种自由基可损伤蛋白质和酶分子，导致功能改变。因此，紫外线与生物物质的作用是通过 DNA 生物分子等对紫外线直接吸收导致 DNA 损伤的直接作用，以及被某些色素吸收导致活性氧产生，与周围 DNA、蛋白质、酶、细胞膜等生物分子反应的间接作用进行的。紫外线不仅对微生物有致命影响，对人也有一定的致癌作用。

因此，在植物组织培养或细胞工程实验室进行紫外线消毒期间，工作人员不要处在正消毒的空间内，更不要用眼睛注视紫外灯，也要避免手长时间在开着紫外灯的超净工作台内进行操作。一般在接种室用紫外线消毒后，不要立即进入接种室，此时室内充满高浓度的臭氧，会对人体，尤其是呼吸系统造成伤害。应在关闭紫外线灯 15 ~ 20 min 后再进入室内。

2. 甲醛和高锰酸钾　植物组织培养或细胞工程实验室经常采用甲醛溶液和高锰酸钾以 2∶1 的比例进行熏蒸消毒。甲醛是一种无色但有强烈刺激性的气体，可与菌体蛋白质中的氨基结合，使其变性或使蛋白质分子烷基化，对细菌、芽孢、真菌、病毒均有效。甲醛通常在水中保存，即甲醛水溶液（福尔马林）。甲醛对眼睛、嗅觉和呼吸道有强烈的刺激作用，引起的症状主要有流泪、打喷嚏、咳嗽，甚至出现结膜炎、咽喉炎、支气管痉挛等，还可引起类似过敏性哮喘症。人对甲醛十分敏感，空气中游离甲醛含量达到 $0.1~mg/m^3$ 时，人的眼、鼻、喉就难以忍受。甲醛在人体内会分解出甲醇，吸入一定量就会引起人体某种程度的中毒，如麻痹中枢神经系统，使人感到疲劳。甲醛还会损害视网膜，使视力减退并有头痛症状。甲醛与人体中的蛋白质反应会形成对人体有害的不溶（融）物质，会使皮肤失去弹性。甲醛还可能腐蚀肝脏。甲醛甚至还是一种致癌物。

因此，在实验室用甲醛和高锰酸钾封闭消毒期间，工作人员不宜进入消毒空间。消毒后通风换气，等气味散尽后再出入。

3.新洁尔灭（苯扎溴铵溶液） 新洁尔灭（苯扎溴铵溶液）为溴化二甲苄基烷铵，是一种表面活性剂。这类消毒剂可吸附在细菌的表面，从而改变细菌细胞壁和细胞膜的通透性，使菌体内的酶、辅酶和代谢产物漏出，妨碍细菌的呼吸及糖酵解过程，并使菌体蛋白质变性。此类消毒剂具有杀菌力强，无刺激性、腐蚀性及漂白性，易溶于水，不污染其他物质等特点。在酸性、中性介质中杀菌力强，但在酸性介质中杀菌力大减。对结核杆菌、绿脓杆菌、芽孢、真菌和病毒效用差，甚至无效。

新洁尔灭由于对人体毒性较小，只要在喷洒消毒时戴好手套和口罩即可。

4.氯化汞 氯化汞（$HgCl_2$）是一种重金属盐类，$Hg^{2+}$可与带负电的细菌蛋白质结合，使蛋白质变性，酶蛋白失活。氯化汞是一种极强的杀菌剂，但主要对细菌和真菌有效，对芽孢、病毒的效力差，甚至无效。实验动物和人在无机汞中毒后，$Hg^{2+}$可与体液中的阴离子结合后，形成可扩散的分子，随血液循环进入各组织器官，造成内脏器官组织细胞受损、器官功能失调，从而造成整个有机体代谢失控，表现出各种中毒症状如腹泻、排泄量增加、摄食减少、运动迟缓、肝脏各分叶粘连、肾脏水肿、胃肠及腹壁粘连等，严重时导致死亡。

氯化汞是一种极为有效的杀菌剂，但也是一种剧毒药品，因而在实验室管理中应采取以下严格的方法：①氯化汞应由至少两名实验管理人员共同掌管，每次进货入库及使用时要登记详细，防止私人带出实验室；②采用专门的药匙、烧杯、量筒来配制，称量后，将垫在天平盘上的纸及时清除，配制完要清洗干净玻璃器皿和手；③在消毒操作过程中应小心谨慎，避免接触皮肤，更不能在搅拌或振荡消毒液时溅入五官；④消毒完成后应及时倒掉消毒废液。

（三）火险

火灾对实验室的威胁最大，一旦发生，将可能给实验室的人员和财产造成严重的损失。植物组织培养全过程几乎都离不开电，因而由于电器设备引起的火险必须注意。这种危险可能来自于电源、开关、电路线年久失修，也可能是保险丝失灵等原因。因此，应定期检查实验室的线路，确保万无一失。在实验室应装备有灭火器、消防火栓等常规防火设备。

另外，植物组织培养中的接种器械如镊子、解剖刀、手术剪等的消毒主要采用酒精擦拭或浸泡后在酒精灯上烧烤的方法进行，因此，在超净工作台进行无菌操作时也应格外注意，接种器械烧烤时应远离装酒精的容器，更不能刚刚烧完就插入装酒精的容器中，也要避免不小心将酒精容器或酒精灯碰倒后引起失火。另外，在酒精灯点燃后，不宜用酒精溶液喷洒超净工作台。酒精灯使用所需要的注意事项一个都不能少，比如酒精不能装得太满，以不超过灯壶容积的2/3为宜；燃着的酒精灯如需添加酒精，必须熄灭火焰后进行，决不允许燃着时加酒精；点燃酒精灯一定要用燃着的火柴，不能用一盏酒精灯去点燃另一盏酒精灯；熄灭灯焰时，可用灯帽将其盖灭，不允许用嘴吹灭等。

总之，在工作人员在进入实验室之前进行正确操作和安全管理知识的教育是关键，只有使操作者具有一定的安全意识和安全管理知识，才能保证上述危险源不会酿成真正现实的危险。

（刘进平、陈银华、罗丽娟编写）

# 第5章

# 培养基的选择与配制

植物组织培养技术核心部分是培养基配方，因此，培养基的选择与设计对植物组织培养能否成功十分关键。此外，培养基的配制也是植物组织培养工作者最基本的技能之一。

## 一、培养基的选择

### （一）基本培养基的成分

绝大多数植物组织培养所用的培养基都包含无机盐（大量成分、微量成分）、有机成分（维生素、氨基酸、碳源）、生长调节物质、水、琼脂等成分。有时还会另外添加一些复杂成分的有机物如水解酪蛋白、水解乳蛋白及天然提取物如椰乳、酵母提取物、番茄汁、麦芽汁、马铃薯汁等。

1.无机盐　无机盐包括大量成分和微量成分。除碳、氢、氧外，氮、磷、硫、钙、镁、铁、锰、锌、硼、碘、钴、铜、钼等也是植物生长必不可少的元素。其中，碳、氢、氧、氮、磷、钾、钙、镁、硫在培养基中需要的量较大，称为大量元素或大量成分。铁、锌、硼、锰、碘、铜、钼、钴、镍、铝等需要较少，称为微量元素或微量成分。

其中，氮分为有机氮和无机氮两种。无机氮又分为硝酸盐和铵盐两种，前者如$KNO_3$、$NH_4NO_3$、$NaNO_3$、$Ca(NO_3)_2$等，后者如$NH_4NO_3$、$NH_4H_2PO_4$、$(NH_4)_2SO_4$等。有机氮包括氨基酸、维生素和其他一些含氮有机成分。植物细胞虽然可以在单独附加硝酸盐的培养基上生长，但附加铵盐和其他还原氮来源会生长得更好，原因是单独附加硝酸盐会使培养基pH偏移向碱性。如果单独附加铵盐，则应加入柠檬酸盐、琥珀酸盐或苹果酸盐以稀释铵盐并避免出现有害的效果。氮为核酸、蛋白质、叶绿素、氨基酸、生物碱和一些植物激素的组成成分，极大地影响植物生长速率。缺氮时会出现叶片缺绿或萎黄、生长停滞等现象。

磷为遗传物质DNA和RNA及能量代谢分子ATP（参与光合作用和呼吸作用）的成分，培养基以无机磷酸盐形式（$KH_2PO_4$、$NaH_2PO_4$、$NH_4H_2PO_4$等）提供。磷影响植物成熟和根生长，缺磷会使生长停滞，叶片由绿色转变为红色到紫色。

钾为正常细胞分裂和分生组织生长所必需，在碳酸盐和蛋白质合成、叶绿素形成及硝酸盐还原方面发挥作用。钾离子在光合作用中调控叶绿体的离子平衡和pH。钾盐在细胞的渗透压调节中发挥重要功能，对于许多酶的激活也是必需的。缺钾会使植株生长变弱、异常，有时会出现叶缘色彩斑驳、卷曲或坏死。

钙在阴阳离子平衡、细胞壁和细胞质膜组成和稳定性、果胶质形成、碳水化合物和氨基酸运输等方面发挥作用。除生长发育外，钙在氮同化、结合稳定草酸（蛋白质代谢产生的有毒副产品）方面也有重要作用。钙缺乏会导致苗尖或根尖坏死。

镁是在光合作用中发挥关键作用的叶绿素分子的中央成分。此外，镁还是许多酶的激活剂，在酶反应中必不可少。由于它在ATP合成中的重要功能，因此，镁在植物能量代谢中也是不可或缺。缺镁会导致老叶褪绿或萎黄。

硫在多数蛋白质中都存在，可促进根发育和叶片变得深绿。

铁参与叶绿素合成、光合作用和呼吸作用中的能量转换。铁的主要功能是形成铁螯合物，并且是血红素蛋白质（如细胞色素蛋白）和铁硫蛋白（如铁氧还原蛋白）的组成成分。铁盐由螯合剂 $Na_2 \cdot EDTA$ 和 $FeSO_4 \cdot 7H_2O$ 共同配制而成的 $Fe \cdot EDTA$，或单独使用 $NaFe \cdot EDTA$ 提供。缺铁会导致嫩叶或幼叶黄化（褪绿），尤其是在叶脉之间的区域黄化，形成条纹状黄化格式。

锰是叶绿体膜的必要成分，参与光系统 II 的希尔反应，并与若干金属蛋白结合。缺锰会使根系发育不良，叶片黄化。

硼是细胞壁合成、维持细胞壁和细胞膜成分稳定所必需的元素。此外，硼还在蔗糖、水分和激素运输，氮代谢和细胞分裂中发挥作用。缺硼会引起内部组织退化或茎尖枯死或叶片褪绿、变厚、变脆。但硼过量也会导致植株损伤或死亡。

锌是许多酶的重要成分和酶活化剂，锌在叶绿素形成、重要蛋白质合成、生长素IAA产生中发挥作用。缺锌可导致根系异常、叶片变形，并呈现斑纹状赤褐色或黄色。

氯在希尔反应的光系统 II 中发挥作用，可促进光合作用。氯的主要功能在于其离子的渗透调节。缺氯会使叶片萎蔫，呈黄色或赤褐色。

钼是许多酶的辅因子，为植物正常生长和蛋白质合成所必需。缺钼会导致叶片脉间区域黄化、生长停滞或导致叶片鞭尾症状（叶片变窄）。

铜是叶绿素合成、光合作用与能量转换所必需的元素，还是许多酶复合体的重要组成部分并且对由这些酶复合体执行的氧化还原反应十分重要。缺铜会导致植株生长停滞、变形、叶片卷曲、出现斑点或嫩枝枯死。

钴是豆科植物根瘤上细胞合成维生素 $B_{12}$ 和固氮所必需的元素。它对金属螯合物毒性具有保护作用，并可抑制由铜和铁离子催化的氧化反应。缺钴可引起生长停滞及严重的缺氮症状，并导致植株死亡。

2.有机成分　有机成分主要为维生素、氨基酸、蔗糖和有机附加物。

维生素可作为许多代谢反应的辅酶或辅因子。培养的植物细胞和组织虽然可以合成维生素，但其合成的数量在亚最适水平，因此，需要在培养基中加入一定量的维生素。维生素主要有维生素 $B_1$（硫胺素或盐酸硫胺素）、维生素 $B_6$（吡哆醇或盐酸吡哆醇）、维生素 $B_3$ 或烟酸、维生素 $B_5$（泛酸钙）、维生素 $B_2$（核黄素）、维生素 H（生物素）、维生素 C（抗坏血酸）、维生素 $B_{11}$（叶酸）、维生素 $B_8$（肌醇或环己六醇）等。

氨基酸是重要的有机氮源，植物细胞对氨基酸的吸收和利用要比无机氮源更迅速。同样，尽管培养的植物细胞和组织可以合成氨基酸，但培养基中加入氨基酸对刺激细胞生长是很有利的。氨基酸包括甘氨酸、酪氨酸、谷氨酰胺、脯氨酸等。

培养基中加入有机附加物可促进培养物的生长和分化，常用的有机附加物通常是含未确定化学成分及数量的混合物，如水解酪蛋白（casein hydrolysate，CH）、水解乳蛋白（lactoprotein hydrolysate，LH）、椰乳（coconut milk，CM）、玉米乳（corn milk）、麦芽提取液（malt extract，ME）、马铃薯汁（tomato juice，TJ）、酵母提取液（yeast extract，YE）和香蕉泥等。椰乳用量一般为10%～20%，麦芽提取液用量一般为0.1%～0.5%，酵母提取液用量一般为0.5%，香蕉泥用量一般为150～200 mg/L。

蔗糖为常用碳源，浓度为2%～5%。因为在体外培养条件下，植株光合作用不充足或根本不能进行光合作用，因此需要在培养基中加入碳源作为能源物质。另外，碳源还起着渗透调节的作用，对形态发生也有特殊的作用。

3.生长调节物质　生长调节物质（有时也不严格地称为植物激素）主要包括生长素和细胞分裂素类物质，它们虽然不是营养物质，但对生长和发育影响极大。虽然植物中可天然合成激素，但数量极微，且不足以实现培养的目标。因此，通常需要在培养基中附加一定数量和比例的生长调节物质。最常用的植物生长调节物质包括生长素类和细胞分裂素类物质。天然的生长素包括苯乙酸（phenylacetic acid，PAA）和吲哚乙酸（indole-3-acetic acid，IAA），它们的作用较弱，其中，IAA是最常见的天然生长素，但由于对光敏感、在培养基中易氧化，易被植物组织代谢或微生物降解，因此在组织培养中的使用受到限制。常用的合成的生长素包括萘乙酸（naphthalene acetic acid，NAA）、吲哚丁酸（indole-3-butyric acid，IBA）、2,4-二氯苯氧乙酸（dichlorophenoxy acetic acid，2,4-D）、β-萘氧乙酸（β-naphtboxyacetic acid，NOA）、麦草畏（dicamba，DIC）和毒莠定（picloram，PIC）等，这些生长素原被用作除草剂。其中2,4-D和NAA活性较强，而DIC和PIC活性更强。

最常采用的细胞分裂素有6-苄基氨基嘌呤（6-benzylamino purine或6-benzyl adenine，6-BA，BA或BAP）、激动素或呋喃氨基嘌呤（furfurylamino purine，Kinetin，Ki、KIN或KT）、异戊烯（氨基）腺嘌呤（isopenterlyl adenine或N-isopentenylamino purine，IPA或2ip）和玉米素（zeatin，ZT）。其中，IPA和ZT是从玉米籽粒中分离出来的天然细胞分裂素，而KIN和BA是合成细胞分裂素。另外，苯基脲及其衍生物如二苯基脲（DPU）、吡啶基脲（pyridyl ureas）、噻苯隆［又名噻重氮（苯）基脲、苯基噻二唑基脲，英文名thidiazol，thidiazuron或1-phenyl-3（1，2，3-thiadiazol-5-yl urea），TDZ］和N-（2-氯-4-吡啶基）-N-苯基脲（CPPU、4 PU-Cl或4 PU-30，商品名为Forchlorofenuron）活性更高，是常用细胞分裂素BA效力的数十倍至近百倍。取代苯基脲TDZ原先用作棉花的落叶剂，后为发现在极低浓度下（10 pmol/L）具有（1～10 μmol/L）氨基嘌呤细胞分裂素同样的相对活性。TDZ在愈伤组织诱导、苗芽形成、体细胞胚胎发生及雄（雌）核发生方面具有与细胞分裂素和生长素类似的作用，并且常单独或与其他生长调节物质结合用于诱导组织培养困难的植物（尤其是木本植物）离体再生。

4.水　水应为蒸馏水、重蒸馏水或去离子水。用于种苗生产的大规模植物组织培养和快速繁殖，在经过试验后，可采用自来水配制培养基，以节约成本；但如果自来水成分中的矿物质含量较大时，可用去离子水或蒸馏水替代。分生组织、细胞、原生质体培养最好用重蒸馏水（存贮在聚乙烯瓶中）。

5.琼脂　琼脂不提供营养，作为支持物质，也可用卡拉胶代替。

6.其他物质　此外，有些培养基还会加入活性炭（0.5 ～ 10 g/L）、抗氧化剂、抗生素等成分。

活性炭颗粒具有吸附作用，加入培养基可用于吸收培养基中的毒性物质如外植体褐化产生的酚类和醌类物质。类似具有吸附作用的物质还有聚乙烯吡咯烷酮（PVP）。有时，利用活性炭可使培养基变黑，从而具有类似土壤的功能，在某些植物组织培养中有利于生根。但是，培养基中附加活性炭或聚乙烯吡咯烷酮可能会同时吸附营养物质和生长调节物质，从而对培养基的效果产生影响。

抗氧化剂如抗坏血酸（维生素C）或半胱氨酸加入培养基可防止氧化产生醌类物质，从而对防止外植体褐化有一定作用。

抗生素加入培养基，可防止发生细菌或真菌感染，尤其是外植体内部污染（即使外植体表面消毒也无法消除），但文献报道抗生素可能会影响到植物组织或器官的培养反应。

### （二）培养基的种类

根据基本培养基中的含盐量可分为高含盐量、硝酸盐高含量、无机盐中等含量和低盐含量四大类型基本培养基（参见本书附录：常用的培养基配方）。

第1类为高含盐量的基本培养基，如MS（Murashige 和 Skoog，1962）、LS（Linsmaier 和 Skoog，1965）、BL（Brown 和 Lawrence，1968）、ER（Eriksson，1965）、RM（田中，1964）。MS基本培养基由Murashige 和 Skoog于1962年为培养烟草而设计，其特点是无机盐浓度高、提供氮素营养的铵盐和硝酸盐含量高。MS基本培养基是使用最普遍的基本培养基。这类高含盐量基本培养基在大量成分上基本相似，只是在某些有机物组成上有差别，如MS基本培养基中去掉甘氨酸、烟酸和盐酸吡哆醇就是LS基本培养基。RM基本培养基在MS的基础上提高了硝酸铵和磷酸二氢钾的含量。

第2类为硝酸盐高含量的基本培养基，如$B_5$（Gamborg等，1968）、$N_6$（朱至清，1975）、SH（Schenk 和 Hildebrandt，1972）。此类基本培养基的盐浓度也较高，其中$NH_4^+$和$PO_4^{3-}$是由$NH_4H_2PO_4$提供。$B_5$基本培养基含有较低的铵盐，可能比较适合某些双子叶植物特别是木本植物组织培养。而$N_6$基本培养基是朱至清为水稻等禾谷类作物花药培养而设计的，特点是硝酸钾和硫酸铵含量较高，且不含钼盐，这对于水稻、小麦等禾本科植物的花药和花粉培养较为有效。SH基本培养基与$B_5$基本培养基类似，用$NH_4H_2PO_4$取代$(NH_4)_2SO_4$。

第3类是无机盐中等含量培养基，如H基本培养基（Bourgin 和 Nitsch，1967）和Nitsch（Nitsch，1969）基本培养基，它们的大量成分相当于MS的1/2，微量成分种类减少，但含量提高，如维生素的种类要比MS多，Nitsch基本培养基中生物素的含量比H基本培养基提高了10倍。

第4类为低盐含量基本培养基，如White（White，1963）、WS（Wolter 和 Skoog，1966）、WPM（Lloyd 和 McCown，1980）和HE基本培养（Heller，1953）。低盐含量基本培养基较多用于木本植物组织培养和生根培养。

### （三）培养基对植物组织培养的影响及选择

选择基本培养基时，除待培养植物的基因型外，通常应考虑培养基的种类，其总离子浓度、总氮水平及氮源种类（硝态氮和铵态氮）与比例、钙和氯化物的含量等。草本植物组织培养广泛使用MS培养基，而木本植物组织培养通常采用低盐基本培养基如1/2或1/4 MS或WPM（Woody Plant Medium，木本植物培养基）。除总离子浓度外，总氮水平、氮源种类（硝态氮和铵态氮）与比例也对组织培养影响甚大，因此根据具体情况改变基本培养基的氮源类型和浓度，可以提高培养效果。不同基因型可能需要不同的基本培养基，但同一种植物在培养的不同阶段或适用于不同的培养目的时，所需基本培养基也不同。通常按培养阶段和目的可划分为启动或诱导培养基、增殖培养基、生根培养基等多种，这种划分可能仅仅是激素的调整，或同一基本培养基某些成分的改变，甚至基本培养基种类的不同。如大多数植物在生根培养时使用1/2 ~ 1/4 MS或其他低盐培养基如White培养基，体细胞胚胎发生也经常在不同阶段要改变氮源的类型和比例等。基本培养基种类也可能影响到生长调节物质的作用效果，因此需要考虑不同基本培养基与不同浓度的生长调节物质之间的互作。

通常在对一种植物进行组织培养前，首先应查寻同属、同种或同品种植物组织培养的有关资料，参考前人的研究成果。无法查找到有关资料，可以以一些著名的基本培养基如MS、WPM或B$_5$等开始试验。如果对现有的基本培养基的筛选效果不理想，可以以MS、WPM或B$_5$等基本培养基为基础进行改良，比如将基本培养基的大量成分或无机盐成分全部减半或部分增减（增减氮源水平，调整铵盐和硝酸盐的种类和比例，增减钙盐）等，另外，对植物原生土壤及植物体内营养物质含量进行测定，也会给基本培养基改良提供线索。在利用单因子试验法和多因子试验法（正交设计）选择生长素和细胞分裂素的种类、数量和比例时，有时也需要考虑它们与基本培养基的互作。在培养过程中，若培养基不适合，培养物会表现出一些营养元素缺乏或毒性症状，研究者可根据这些症状对培养基进行适当调整。

## 二、培养基的配制

植物组织培养中培养基的配制需要先根据各组分性质，配制浓度较大的培养基母液（母液浓度为培养基浓度的若干倍，如50倍或100倍），以后配制培养基时根据用量，量取混合而成。之所以需要配制母液，是因为培养基成分较多，不少成分用量较微少，如果每配制一次即进行称量各种药品，不仅会造成较大的称量误差和系统误差，而且十分麻烦，会增加工作量，因而配制母液可使培养基配制既方便又准确。

### （一）基本培养基母液配制

培养基配制通常配制成较浓的母液，贮存在冰箱中备用，大量成分母液通常为原培养基浓度的20倍、50倍或100倍，倍数不宜过高。母液一般放在4℃冰箱保存，在存放使用期间，如果出现浑浊（微生物污染引起的有机成分浑浊）或沉淀，需要重新配制。以下就MS培养基母液配制示例说明（表5-1）。

1. 大量成分母液　大量成分母液经常将$CaCl_2 \cdot 2H_2O$单独配制保存，以免长期贮存发生沉淀。若将全部大量成分配在一起时，为防止在混合时发生沉淀，须在各药品充分溶解后，按表5-1中化合物出现顺序混合，氯化钙最后加入，以免与硫酸镁形成沉淀。大量成分称量溶解后，在1 000 mL容量瓶中定容，然后移入磨口瓶中，贴上标签，置于普通冰箱（4℃）贮存。

2. 微量元素母液　微量元素母液配制时，由于培养基中微量元素用量甚微，浓度为0.1～0.000 1 mg/L，所以母液浓度宜为原培养基配方中用量的100倍。一般将微量元素分别称量溶解，定容在1 000 mL容量瓶中后贮存在一个细口瓶中，但也有将KI分别配制，单独贮存在棕色瓶中。配好后，贴上标签，贮存于4℃冰箱。

培养基中的铁盐母液一般单独配制。目前常用的铁盐为硫酸亚铁和乙二胺四乙酸二纳的螯合物。称取$Na_2 \cdot EDTA$ 3.73 g，$FeSO_4 \cdot 2H_2O$ 2.78 g，分别溶解（可加热），然后混合定溶于1 000 mL容量瓶中。转入细口瓶，贴上标签，4℃冰箱中保存。

3. 有机成分母液　氨基酸和维生素等有机成分母液可配制时，母液浓度通常为原培养基配方的50倍（或100倍）。常用氨基酸和维生素为水溶性物质，可用蒸馏水溶解，但叶酸要先用少量稀碱或稀氨水溶解，然后用重蒸馏水定容。配制好后，转入细口瓶，贴上标签，−20℃（或4℃）冰箱中保存。

表5-1　MS培养基母液及培养基配制参考

| 母液名称 | 化学药品名 | 原液量 (mg/L) | 扩大倍数 | 母液称取量 (g) | 母液体积 (mL) | 配制培养基吸取量 (mL/L) |
|---|---|---|---|---|---|---|
| 大量成分 | 硝酸钾（$KNO_3$） | 1 900 | | 95 | | |
| | 硝酸铵（$NH_4NO_3$） | 1 650 | 50 | 82.5 | 1 000 | 20 |
| | 硫酸镁（$MgSO_4 \cdot 7H_2O$） | 370 | | 18.5 | | |
| | 磷酸二氢钾（$KH_2PO_4$） | 170 | | 8.5 | | |
| 钙盐 | 氯化钙（$CaCl_2 \cdot 2H_2O$） | 440 | 50 | 22 | 1 000 | 20 |
| 微量成分 | 硫酸锰（$MnSO_4 \cdot 4H_2O$） | 22.3 | | 2.23 | | |
| | 硫酸锌（$ZnSO_4 \cdot 4H_2O$） | 8.6 | | 0.86 | | |
| | 硼酸（$H_3BO_3$） | 6.2 | | 0.62 | | |
| | 碘化钾（KI） | 0.83 | 100 | 0.083 | 1 000 | 10 |
| | 钼酸钠（$Na_2MoO_4 \cdot 2H_2O$） | 0.25 | | 0.025 | | |
| | 硫酸铜（$CuSO_4 \cdot 5H_2O$） | 0.025 | | 0.002 5 | | |
| | 氯化钴（$CoCl_2 \cdot 6H_2O$） | 0.025 | | 0.002 5 | | |
| 铁盐 | 硫酸亚铁（$FeSO_4 \cdot 7H_2O$） | 27.8 | 100 | 2.78 | 1 000 | 10 |
| | $Na_2$-EDTA | 37.3 | | 3.73 | | |
| 有机成分 | 甘氨酸（Glycine） | 2.0 | | 0.2 | | |
| | 盐酸硫胺素（Thiamine HCl） | 0.1 | | 0.01 | | |
| | 盐酸吡哆醇（Pyridoxine HCl） | 0.5 | 100 | 0.05 | 1 000 | 10 |
| | 烟酸（Nicotinic acid） | 0.5 | | 0.05 | | |
| | 肌醇（Inositol） | 100 | | 10 | | |

### （二）生长调节物质母液配制

生长调节物质母液在配制前需要了解常用植物生长调节物质的分子质量和合适的溶剂（表5-2）。植物生长调节物质如生长素类和细胞分裂素类可以根据需要，灵活设计其浓度，一般为0.01、0.1、0.2、0.5或1.0 mg/L。如配0.5 mg/L NAA母液，称25 mg NAA溶于50 mL重蒸馏水，或50 mg的NAA定溶于100 mL重蒸馏水中。文献中经常使用不同的浓度单位，因此会涉及生长调节物质单位的转换。以NAA（分子质量为186.21）为例，1 M = 1 mol/L = 186.21 g/1 000 mL = 186.21 × 1 000 mg/L = 186 210 mg/L，1 mg/L = 1/186 210 mol/L = 5.37 × $10^{-6}$ mol/L = 5.37 μmol/L。为了方便，表5-3列出常用植物生长调节物质的ppm（mg/L）浓度与μmol/L浓度相互换算数值。

表5-2　常用植物生长调节物质和维生素特征

| 名　称 | 缩　写 | 分子式 | 分子质量 | 溶剂 |
|---|---|---|---|---|
| ρ-氯苯氧乙酸（ρ-chlorophenoxy acetic acid） | ρ-CPA | $C_8H_7O_3Cl$ | 186.9 | 60%或70%酒精 |
| 2，4-二氯苯氧乙酸（2,4-dichlorophenoxy acetic acid） | 2,4-D | $C_8H_6O_3Cl_2$ | 221.0 | 60%或70%酒精 |
| 吲哚乙酸（indole-3 acetic acid） | IAA | $C_{10}H_9NO_2$ | 175.2 | 1 M NaOH |
| 吲哚丁酸（indole-3 butyric acid） | IBA | $C_{12}H_{13}NO_2$ | 203.2 | 1 M NaOH |
| α-萘乙酸（α-naphthalene acetic acid） | NAA | $C_{12}H_{10}O_2$ | 186.2 | 1 M NaOH |
| β-萘氧乙酸（β-naphthoxy acetic acid） | β-NOA | $C_{12}H_{10}O_3$ | 202.3 | 1 M NaOH |
| 腺嘌呤（adenine） | Ad | $C_5H_5N_5 \cdot 3H_2O$ | 189.1 | 水 |
| 硫酸腺嘌呤（adenine sulphate） | AdSO₄ | $(C_5H_5N_5)_2 \cdot H_2SO_4 \cdot 2H_2O$ | 404.4 | 水 |
| 6-苄基氨基嘌呤（6-benzylamino purine） | 6-BA，BA或BAP | $C_{12}H_{11}N_5$ | 225.2 | 1 M NaOH |
| 异戊烯腺嘌呤（N-isopentenylamino purine） | 2ip | $C_{10}H_{13}N_5$ | 203.3 | 1 M NaOH |
| 激动素（kinetin） | Kt，KT或Ki | $C_{10}H_9N_5O$ | 215.2 | 1 M NaOH |
| 玉米素（zeatin） | ZT | $C_{10}H_{13}N_5O$ | 219.2 | 1 M NaOH |
| 噻苯隆（thidiazuron） | TDZ | | 220.2 | 乙醇 |
| 赤霉酸（gibberellic acid） | GA₃ | $C_{19}H_{22}O_6$ | 346.4 | 60%或70%酒精 |
| 脱落酸（abscisic acid） | ABA | $C_{15}H_{20}O_4$ | 264.3 | 1 M NaOH |
| 叶酸（folic acid） | | $C_{19}H_{19}N_7O_6$ | 441.4 | 1 M NaOH |
| 秋水仙素（colchicine） | | $C_{22}H_{25}NO_6$ | 399.4 | 水 |

改编自Chawla，2002。

表5-3　常用植物生长调节物质的ppm（mg/L）浓度与μmol/L浓度相互换算

A：ppm（mg/L）→μmol/L

| ppm (mg/L) | μmol/L | | | | | | | | |
|---|---|---|---|---|---|---|---|---|---|
| | NAA | 2,4-D | IAA | IBA | BA | KT | ZT | 2-iP | GA₃ |
| 1 | 5.371 | 4.524 | 5.708 | 4.921 | 4.439 | 4.467 | 4.547 | 4.933 | 2.887 |
| 2 | 10.741 | 9.048 | 11.417 | 9.842 | 8.879 | 9.293 | 9.094 | 9.866 | 5.774 |
| 3 | 16.112 | 13.572 | 17.125 | 14.763 | 13.318 | 13.940 | 13.641 | 14.799 | 8.661 |
| 4 | 21.483 | 18.096 | 22.834 | 19.684 | 17.757 | 18.586 | 18.188 | 19.732 | 11.548 |
| 5 | 26.853 | 22.620 | 28.542 | 24.604 | 22.197 | 23.231 | 22.735 | 24.665 | 14.435 |
| 6 | 32.223 | 27.144 | 34.250 | 29.526 | 26.636 | 27.880 | 27.282 | 29.596 | 17.323 |
| 7 | 37.594 | 31.668 | 39.959 | 34.447 | 31.075 | 32.526 | 31.829 | 34.531 | 20.210 |
| 8 | 42.965 | 36.193 | 45.667 | 39.368 | 35.515 | 37.173 | 36.376 | 39.464 | 23.097 |
| 9 | 48.339 | 40.717 | 51.376 | 44.289 | 39.954 | 41.820 | 40.932 | 44.397 | 25.984 |
| 分子质量 | 186.20 | 221.04 | 175.18 | 203.18 | 225.26 | 215.21 | 219.0 | 202.7 | 346.37 |

B：μmol/L→ppm（mg/L）

| μmol/L | ppm (mg/L) | | | | | | | | |
|---|---|---|---|---|---|---|---|---|---|
| | NAA | 2, 4-D | IAA | IBA | BA | KT | ZT | 2iP | GA₃ |
| 1 | 0.186 | 0.221 0 | 0.175 2 | 0.203 2 | 0.225 3 | 0.215 2 | 0.219 7 | 0.202 7 | 0.346 4 |
| 2 | 0.372 4 | 0.442 1 | 0.350 4 | 0.406 4 | 0.450 5 | 0.430 4 | 0.439 4 | 0.405 4 | 0.692 7 |
| 3 | 0.558 6 | 0.663 1 | 0.525 5 | 0.609 4 | 0.675 8 | 0.645 6 | 0.659 1 | 0.608 1 | 1.039 1 |
| 4 | 0.744 8 | 0.884 2 | 0.700 7 | 0.812 8 | 0.901 0 | 0.860 8 | 0.878 8 | 0.810 8 | 1.385 5 |
| 5 | 0.931 0 | 1.105 2 | 0.875 9 | 1.016 0 | 1.126 3 | 1.076 1 | 1.098 5 | 1.013 5 | 1.731 9 |
| 6 | 1.117 2 | 1.326 2 | 1.051 1 | 1.219 2 | 1.351 6 | 1.291 3 | 1.318 2 | 1.216 2 | 2.078 2 |
| 7 | 1.303 4 | 1.574 3 | 1.226 3 | 1.422 4 | 1.576 8 | 1.506 5 | 1.537 9 | 1.418 9 | 2.424 6 |
| 8 | 1.489 5 | 1.768 3 | 1.401 4 | 1.625 6 | 1.802 1 | 1.721 7 | 1.757 6 | 1.621 6 | 2.771 0 |
| 9 | 1.675 8 | 1.989 4 | 1.576 6 | 1.828 8 | 2.027 3 | 1.936 9 | 1.977 3 | 1.824 3 | 3.117 3 |
| 分子质量 | 186.20 | 221.04 | 175.18 | 203.18 | 225.26 | 215.21 | 219.0 | 202.7 | 346.37 |

生长素为醇溶性物质，配制时，应用少量95%酒精或1 mol/L NaOH溶解，然后用重蒸馏水溶解定容；细胞分裂素应先用少量1 mol/L NaOH溶解，然后用重蒸馏水定容。配制好的母液放置在4℃普通冰箱中备用。这些母液保存时间不宜过长，当出现沉淀、浑浊及霉菌团时，应重新配制。IAA要用棕色瓶暗中贮存，以免光照分解。

椰乳的使用浓度为 5% ~ 20%，其中因含有许多种细胞分裂素物质，如 KT 类似物 (9-β-D-ribofuranosylzeatin)、玉米素及玉米素核糖苷等，有时可与细胞分裂素相互代替。采集到椰子时，应检查其汁液（保证没有变质），煮沸，滤纸过滤掉蛋白质，高温高压消毒，小量分装，贮存在 -20℃ 下备用。有时可直接加入培养基。酵母提取液也一般也现用现配，称量酵母粉后，加热至沸腾 30 min，过滤去渣。

### （三）培养基的灭菌

以 1 000 mL "MS + 3.0 mg/LNAA + 0.5%（即 5 g/L）琼脂 + 3%（即 30 g/L）蔗糖" 为例。

第一步：准备好配制培养基的一切用具和试剂。

第二步：称量 5 g 琼脂和 30 g 蔗糖，溶解在所要配制培养基 2/3 ~ 3/4 体积（600 ~ 750 mL）的（蒸馏）水中，加热溶解，不时搅拌，避免出现琼脂生块和泡沫。

第三步：根据用量，用量筒或移液管从母液中取出所需量的大量元素、微量元素、铁盐、有机物质、激素（每做 1 000 mL 培养基，取 20 mL 大量成分、20 mL 氯化钙母液、10 mL 微量成分、10 mL 铁盐母液和 10 mL 有机成分，以及 3.0 mg NAA），放入预先有少量蒸馏水的烧杯中（以免加药液时溅出），然后加入琼脂和糖水溶液中搅拌混匀。

第四步：加水定容并调 pH。待搅拌均匀后，用数滴稀碱（NaOH）将 pH 调节到预定水平（一般为 pH5.8），当 pH 偏碱时用稀酸（HCl）调节。用 pH 试纸或酸碱指示（或 pH）计测定培养基的 pH。

第五步：将培养基用漏斗分装到培养容器中。每瓶加 15 ~ 20 mL，之后加盖。

第六步：培养基进行灭菌。高压蒸气灭菌锅的温度为 121℃，灭菌 15 ~ 20 min。

培养基常用高温高压（1.06 kg/cm$^2$ 或 0.1 MPa，121℃）蒸气灭菌的方法，灭菌时间应根据培养瓶体积大小及其内培养基容量多少而定（表 5-4）。体积和容量越大，所需灭菌时间就越长。空试管、空三角瓶和滤纸要在 130℃ 下灭菌 30 min 或 121℃ 灭菌 60 min。空的培养容器不应同盛装培养基的培养容器一起高压蒸气灭菌，不同体积培养容器或盛装不同容量的培养基也不能一起高压蒸气灭菌，而应该分别进行。热穿透力是一个需要考虑的因素，体积大的培养容器需要较长的时间灭菌，是因为热量穿透大体积培养基要比体积小的花更多的时间。利用高压蒸气灭菌锅进行灭菌具有简单、快速，并且可以附带杀灭病毒又不吸收的优点（与过滤灭菌比较）。其缺点是会引起 pH 的变化、发生化学变化和引起某些化合物的分解，使某些培养基成分的活性丧失。

表 5-4 121℃ 下培养基或无菌水的最少灭菌时间

| 容器分装体积（mL） | 最少灭菌时间（min） | 容器分装体积（mL） | 最少灭菌时间（min） |
| --- | --- | --- | --- |
| 25 | 20 | 500 | 35 |
| 50 | 25 | 1 000 | 40 |
| 100 | 28 | 2 000 | 48 |
| 250 | 31 | 4 000 | 63 |

引自 Kumar 和 Singh，2009。

　　高压蒸气灭菌会引起以下物质分解：蔗糖（分解为葡萄糖和果糖）、秋水仙素、玉米素（核苷）、赤霉酸（90%会丧失反应活性）、维生素$B_1$、维生素$B_{12}$、维生素C和泛酸、抗生素、酶、植物提取液（活性丧失）。有些成分需要应采用0.2μm（严格）或0.45μm（不严格）孔径的纤维素酯微孔滤膜进行过滤法灭菌。过滤灭菌可以除去溶液或液体培养基中直径大于过滤膜网孔直径的微粒、微生物和病毒。与高压蒸气灭菌法相比，该法不会改变那些在高压蒸气灭菌中不稳定物质，但是也有些明显的缺点，如复杂而费时。对培养基中的不稳定成分进行过滤灭菌时，首先对除不稳定成分以外的培养基进行高温高压灭菌，灭菌后放置于超净工作台中冷却，温度降到40～50℃时，在琼脂培养基尚未固化之前，在无菌条件下用注射器和无菌微孔滤膜将高温不稳定物质溶液打入培养基。

　　灭菌后的培养基应尽快在1周内使用，尤其是含有吲哚乙酸或赤霉素的培养基。

（刘进平、陈银华、罗丽娟编写）

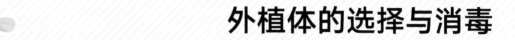

第**6**章

# 外植体的选择与消毒

外植体（explant）是指从植物体（母体或母株）上取下来进行离体培养的材料。外植体的选择也是决定植物组织培养成败的关键。外植体的选择，需要考虑培养目的、培养的反应性及消毒的难易程度。植物材料的表面消毒往往是决定植物组织培养成功与否的第一步，对于热带植物而言，更是如此。

## 一、外植体的选择

### （一）外植体的选择要考虑培养目的

植物材料的采集首先要考虑培养目的。离体快速无性繁殖或向微繁殖多采用顶芽、腋芽、带芽茎段、原球茎或茎尖（分生组织）作起始培养材料，因为这些部位的细胞为分生组织，保持无限分裂的胚性能力，遗传稳定且生长快速。生产单倍体植株多采用单倍体状态的花粉（药）培养或未受精胚珠培养。生产植物次生代谢物常用活体中该天然物质含量最丰富的部位作起始培养材料。

### （二）外植体的选择要考虑培养的反应性

培养的反应性是因植物材料自身因素而对培养的反应，也就是培养的难易程度。植物体的不同部分分化程度不同，全能性表达的难易程度各异，因此组织培养的难易程度也是区别很大的。

不同基因型，其组织培养的难易程度不同，如通常双子叶植物比单子叶植物禾谷类植物容易获得再生植株，而裸子植物的再生能力则非常有限（除非在幼龄阶段）。同属不同种、甚至同种不同品种，器官分化和植株再生能力也有很大的差异。

另一个影响因素是植株的年龄和生长状态。一般而言，幼嫩的年幼植株比成年或衰老的植株来源的反应性要好；随着外植体来源植株年龄的增加，外植体的再生潜力下降。对于木本植物而言尤其如此。此外，成熟的木本植株比幼嫩的植株分泌的酚类物质要多，而这对培养物有毒。对于多年生植物而言，这类植物通常有两个阶段：春季的快速生长阶段和夏秋的缓慢生长阶段；快速生长阶段采集外植体更易培养。植物的胚性组织，如禾谷类植物的胚和种子常具有较高的再生能力。所以，植物组织培养常选用幼龄植株的组织或器官作外植体。营养生长比生殖生长状态的外植体更容易再生。植物的嫩芽、嫩叶或嫩茎是不错的外植体，但植物在进入生殖生长后，产生的幼嫩花序、花、子房及幼胚组织也容易再生。

由于外植体的生理发育状态影响较为明显，所以取材季节和时间至关重要。一般旺盛生长的芽比休眠芽要容易培养。在植物开始生长时或经历休眠之后取材，比较容易成功，而生长结束或进入休眠期后，培养的反应性较差。

取材位置也是影响培养反应性的重要因素。一般来说，沿植物主轴，越靠近顶部，越接近生理发育上的成熟状态，而越靠近基部，其生理年龄越小。这在树木和灌木的组织培养中的影响尤为明显。对于木本植物而言，外植体来源有幼态（童期、幼年期或幼年型，juvenility）和成熟态（成年期、成年型或老态，maturation）的区别。幼态和成熟态是木本植物经历个体老化的两个阶段，幼年期依树种不同而长短不同，如苹果5～6年，梨7～8年会过渡到成年期；在同一树体上，离树干基部越近的部位，长出的枝条就越接近幼态，相反，离树干基部越远的部位，长出的枝条就越接近成熟态。成熟态的枝条进行芽接或扦插也具有成熟态的特征。成熟态的枝条扦插不易生根，就是芽和分生组织在离体培养中反应也很差，或难以成活。一般说来，木本植物幼嫩（非木质化）组织一般比年老的木质化的组织，幼态或复幼的材料如根上抽出的根出条或分蘖条，生殖生长（开花）开始时或旺盛生长时主茎基部抽出嫩枝是最好的外植体来源，而成熟态材料（成年树的树冠部分）则难以组织培养。为了增加外植体数目，木瓜树采用去顶的方法促进侧枝增生，鳄梨采用重度修剪的方法刺激休眠侧芽的生长。

外植体大小会影响到培养的成活率。分生组织培养比普通的茎尖培养要困难得多，分离的分生组织越小，越需要复杂的培养基才能成活。这是因为，芽体较大而（茎尖）分生组织较小，分生组织指茎尖顶端长度为0.1～0.2 mm、带或不带叶原基的圆锥区，而外植体中不仅包含营养贮备，而且也有激素存在，因此外植体越大，营养贮备越多，越容易成活，另外，材料越小，切口表面与外植体总体积比值越大，损伤程度就越高，就越容易褐化，成活率也就越低。通常茎段取0.5 mm长，而叶片或花瓣等材料取5 mm$^2$大小。木薯茎尖只有在2 mm以上才能培养成完整植株，小于2 mm只能形成愈伤组织或根。

### （三）外植体的选择要考虑消毒的难易程度

取材部位最好是幼龄植株的幼嫩部位如嫩梢、新芽、嫩叶等。另外，内部器官或组织要比外部组织或器官耐消毒处理，如取子房内的胚珠、种子或种子内部的胚或胚乳等都耐消毒处理。取材时和取材前最好天气晴朗，尽量避开阴湿多雨季节。源植株应生长在清洁卫生的环境，植株生长健壮而无病虫害症状。

如果难以从野外或大田外植体成功地进行表面消毒，则需在材料采集之前对源植株或母株进行预处理，如即将源植株栽培在特殊管理的大田、温室栽培或室内盆栽，或将源植株枝条扦插在温室内的沙床中萌芽或将休眠芽在室内催芽。生长环境要通风透气，湿度要尽可能低（采集时要使植株表面干燥），光线充足，土壤基质要用药物或蒸气消毒，或采用蛭石、泥炭、珍珠岩等特殊基质进行无土栽培。浇水不能从植株上面浇施，只能浇湿土壤。保持土壤清洁，降低病菌存活的概率。同时要用防虫网等设施，定期喷施农药，确保源植株不受病虫害的侵袭，以获得高质量的起始培养材料。如果必须从大田中采集植物材料，则需要注意以下几点：①采集未休眠或绽放前带芽鳞的芽；②用塑料布包裹将用的茎段或植物体部分，待长成后采集；③用最幼嫩的枝条；④枝条采集前用杀虫剂及杀菌剂喷施；⑤将枝条采回后用流水冲洗。

## 二、植物材料的表面消毒

### （一）常用消毒剂

常用的消毒剂有酒精（或乙醇）、升汞（或氯化汞）和次氯酸盐（常用次氯酸钠）等。各种常用消毒剂的种类、浓度与说明见表6-1。

表6-1　常用消毒剂的种类、浓度及使用说明

| 消毒剂 | 常用浓度 | 说　　明 |
|---|---|---|
| 酒精 | 70% | 数秒至3.0 min，70%酒精比95%酒精有更好的浸润效果 |
| 升汞 | 0.1%～1.0% | 5～15 min，剧毒，需要进行特殊处理并弃置废液 |
| 次氯酸钠 | 0.5%～5%的游离氯 | 10～30 min，使用最广泛的一种 |
| 次氯酸钙 | 1%～10%饱和液 | 10～30 min，经常使用，需要随用随配 |
| 过氧化氢 | 1%～10% | 5～15 min，需要随用随配 |
| 硝酸银 | 1% | 5～30 min，需要特殊的废液处理 |
| 溴水 | 0.5%～2.0% | 5～10 min，接触时间应短（<10 min） |
| 配合使用 | | 两种以上消毒剂配合使用时，通常是酒精预处理数秒，然后用升汞或次氯酸钠等进行消毒；对特别难处理的材料用次氯酸钠或次氯酸钙处理后，接着用过氧化氢或升汞来处理 |

改编自晏琼，2004。

酒精之所以有杀菌作用，是由于它具有脱水作用或一定的溶脂性，可使蛋白质脱水、变性或沉淀，也可使质膜破损，透性增加，从而将微生物杀死。由于它对细胞有很强的穿透性的杀伤力，常用浓度为70%或75%，消毒时间通常为数秒，如果是较大的块茎、根茎或球茎，也可以延长到2～3 min。酒精消毒具有浸润和消毒两重作用，但达不到彻底的消毒，常作外植体表面消毒的第一步，然后再利用其他消毒剂进行消毒，如升汞和次氯酸盐。高浓度的酒精（95%或80%）用来浸泡或擦洗接种器械，进行燃烧消毒。少数情况下也用于对具有硬壳类外植体进行燃烧消毒。

升汞的杀菌原理是由于重金属离子$Hg^{2+}$可与带负电荷的蛋白质结合而变性，从而使酶蛋白失活。升汞是一种极为有效和最常用的消毒剂，也是一种剧毒药品，要注意安全使用和管理。其常用浓度为0.1%，但有时对耐消毒的材料也可提高到1%，时间通常为

5 ~ 15 min，耐消毒材料可提高至 30 min。升汞容易残留，所以消毒后应用无菌水彻底清洗（3 ~ 5 次）。在消毒操作过程中应小心谨慎，避免接触皮肤，更不能在搅拌或振荡消毒液时溅入五官。

次氯酸盐的杀菌作用是靠它与水结合形成次亚氯酸（HClO），然后次亚氯酸分解形成盐酸和新生态氧（HClO → HCl + [O⁻]），[O⁻] 具有极强的氧化性而杀灭微生物。次氯酸盐常用浓度为 0.5% ~ 2.5%（有效氯），由于它较为温和，易挥发，无残毒，所以消毒时间相对较长，为 10 ~ 30 min。次氯酸盐在 pH6.0 时活性较高，pH 高于 8.0 时几乎无活性。由于次氯酸钠消毒处理后会分解产生 HCl 或 $Cl_2$，当超净工作台上存在面向人体的较强的风时，会对眼、鼻造成伤害在使用这种易挥发的表面消毒剂对外植体进行表面消毒时，应注意以下几点：①采用封闭的容器如带盖的广口瓶对外植体进行表面消毒；②消毒工作完成后，应将消毒废液及时倒掉，清理好工作台后开始下一步工作；③在进行表面消毒操作时戴好口罩，不宜用手做揉眼、摸脸等动作，以防消毒液对眼睛和皮肤造成伤害。

## （二）常规消毒方法

消毒剂的选择和消毒处理时间长短取决于植物材料对消毒剂的敏感性，越幼嫩或越敏感的植物材料处理时间越不宜过长，也不宜采用强消毒剂。一般植物材料首先在消毒前除去泥土或死组织，然后用水冲洗除去外部污染物，然后剥除外层表皮或组织。消毒时可先在 70% 酒精中浸泡数秒以除去空气气泡，用 1.0% 次氯酸钠消毒 10 ~ 30 min，或用 0.1% 升汞消毒 5 ~ 15 min，之后用无菌水冲洗 3 ~ 5 次后接种。所用消毒液与外植体体积大致为1：10。有时为了增强消毒效果，可以采取以下方法：木本植物材料在消毒前先用洗衣粉或洗涤剂溶液清洗；将植物材料在灭菌前用十分清洁的流水（或自来水）冲洗 0.5 ~ 2 h；在消毒剂中加入 1 滴或数滴吐温 −20 或吐温 −80（浓度为 0.08% ~ 0.12%，一般用 0.1%）；在消毒过程中不时搅拌或振荡，在真空中进行消毒；多种消毒剂多次消毒处理或复合消毒处理；采用杀虫剂和杀菌剂进行表面消毒处理或适量地加入培养基。

## （三）各类外植体消毒与接种方法

茎段、茎尖、叶柄、叶片等外植体表面消毒时，由于这些植物部分多覆盖茸毛、油脂、蜡质、刺等，又暴露于空气中，所以消毒前洗涤至关重要。尤其是多年生木本植物材料，要用洗衣粉、肥皂水等进行洗涤，然后经自来水长时间流水冲洗（0.5 ~ 2 h）。之后经吸水纸吸干，用 70%、75% 的酒精溶液或纯酒精漂洗，然后用 1.0% ~ 10% 次氯酸钠消毒 6 ~ 15 min，或用 0.1% 升汞消毒 5 ~ 15 min，之后用无菌水冲洗 3 ~ 5 次，无菌纸吸干后接种。对于田间的休眠芽，可以先在温室内催芽培养，然后用常规消毒方法处理，可大大降低污染率。接种单芽茎段时，表面消毒前应对嫩枝进行修剪，修剪成 5 ~ 10 cm 长，去掉叶片，保留叶柄或叶柄的一半，消毒后应将两端和保留的叶柄切掉，因为在消毒时消毒液会从两端和叶柄切口处浸入茎段内部，如果不进行适当的修剪，残留在内部的消毒液会进一步扩散并毒害其他部分。接种茎尖时，要将整个芽体或带芽茎段进行表面消毒，然后剥去外面与消毒液直接接触的芽鳞或叶鞘，借助体视（解剖）显微镜解剖茎尖或生长点接种。茎段、叶柄通常切成 2 ~ 5 mm 长的小片段。叶片接种可用解剖刀、手术剪切成长、宽为 2 ~ 5 mm 大小的切块，也可用打孔器挖取小圆片接种。块茎接种时用打孔器挖取小圆柱体，然后再切成小片段，或直接切成小方块接种。外植体切段在培养基中的放置可以竖直插入培养基（一个切口端插入培养基至1/3～1/2处），也可以横向接入培养基（横向埋入培养基至1/2处）。

根或地下茎消毒时，更要细心清除其上的泥土、杂质及损伤部位和死组织等，用自来水冲洗干净，用毛刷或毛笔将表面凹凸处及芽鳞或苞片处刷洗干净，再用刀切去损伤或难以清洗干净的部位，用吸水纸吸干后，用纯酒精漂洗。然后用0.1%～0.2%升汞浸泡5～10 min，或2%～8%次氯酸钠浸泡10～15 min，无菌水冲洗3～5次，用无菌滤纸吸干水分后，进一步切削与消毒液直接接触的外部组织，然后接种。在消毒过程中进行抽气减压，有助于消毒剂渗入，可使外植体彻底消毒。

果实和种子消毒方法较多，多根据果皮或种皮软硬结实程度及干净程度而异。果实用2%次氯酸钠浸泡10 min，后用无菌水冲洗2～3次，然后解剖内部的种子或组织接种；种皮较厚且坚硬，所以种子通常用10%次氯酸钙或0.1%～0.2%升汞浸泡20～30 min或数小时，或常规消毒后无菌水浸泡30 min至数小时。另外，也可用砂布打磨、温水或开水浸煮5 min左右以软化种皮。甚至对坚硬的果皮或种皮可用浓硫酸碳化处理，或用96%酒精浸泡后燃烧处理。进行胚或胚乳培养时，可去掉坚硬的种皮后进行常规消毒。在胚培养时，要预先清楚胚和胚乳在种子或果实中所处的部位，并采用适当的切割方式。成熟胚解剖相对容易。种皮坚硬的种子可先在水中浸泡，使种皮软化后解剖。小种子胚的解剖，要借助体视（解剖）显微镜进行。幼胚解剖时，要使用冷光源照射，同时动作要快，取出后立即接入培养基中，必要时要在石蜡油中切割解剖，以防止在解剖过程中干化失水死亡。另外，幼胚解剖时还须注意防止伤及胚或胚柄。

花药外面有萼片、花瓣或颖片包裹；未受精胚珠则由子房包裹，都是无菌的。因此，花药或未受精胚珠培养时需用70%酒精对整个花序花蕾或幼穗浸泡数秒后，用无菌水洗2～3次，后用2.0%次氯酸钠消毒10 min，或用0.1%升汞处理5～10 min，处理后要用无菌水洗3～5次，然后剥取组织接种。

微小种子、花药等材料表面消毒时，可用纱布、尼龙等缝制的小袋盛装，小袋口用一长线扎紧袋口，在消毒液中浸泡处理。消毒完后可用同样方法沉入无菌水中清洗。

### （四）污染的类型和来源

培养物污染是组织培养碰到的首要问题，也是组织培养实验室或组培工厂最需要管理的一个方面。必须定期（如每3～5 d）对培养物进行细致的肉眼观察，尤其是在转接前进行逐瓶观察，利用解剖镜有助于检查到肉眼发现不了的污染。污染物一旦没有发现被转接，或（真菌污染）开瓶后孢子飘到接种室与培养室，有可能使污染迅速扩散，并给组培苗生产带来极大的经济损失，因此及时清除污染的培养物是十分重要的。

真菌污染和细菌污染是最常见的类型，一般1周左右出现。真菌污染的典型特征是长菌丝，颜色有黑色、灰色或别的颜色；细菌或酵母菌污染通常无丝体，蓝色霉斑、粉红色或米色菌落，呈黏液状的圆形或沿培养基表面流动形成的点状、片状，或使培养基变得浑浊。污染的来源通常主要是来自没有消毒干净的外植体或培养物，其次，培养基灭菌不当、封口不严、操作不慎导致污染，接种时培养物之间的交叉感染都有可能。培养中出现污染

（细菌污染）后可以尝试重新进行表面消毒，或将未污染部分连续转接到含抗生素的培养基上培养，有可能获得无菌培养，但这种方法有时难以成功。

对于热带植物，有一种感染需要引起特别的注意，那就是微生物通过维管组织或乳汁器进入植物体内部造成的内部污染。内部感染有时会造成很大的损失，而且难以通过外部消毒解决。许多研究都表明，利用抗生素和杀真菌剂处理结合常规消毒可取得积极效果。抗生素和杀真菌剂处理方法有枝条喷施杀菌剂、杀菌剂和抗生素混合液对外植体浸泡或振荡处理、培养基中加入不同杀菌剂和抗生素组合或这些方法的组合。较常用是在培养基中加入 $100 \sim 200$ mg/L 的抗生素（如庆大霉素）或杀真菌剂，也有采用苯甲酸钠、丙酸钠、山梨酸钾、磷酸钠等防腐剂来进行抑菌。通常多种不同的抗生素要比单一抗生素有效，但抗生素有时会影响到植物材料的生长。内源性污染与供体植株来源及生长环境关系甚大。从北方生长的植物采集的外植体通常容易消毒，而南方的则较难；温室生长的植物要比大田植物，旺盛生长的植物比生长缓慢的植物容易建立无菌培养。因此，选择适当来源的外植体才是根本。克服这种内部污染的通常途径是采用无菌实生苗外植体进行培养，另一个有效手段是进行分生组织培养。

将营养丰富的培养基简单化，例如，去掉基本培养基中的有机成分如糖（无糖培养基）、维生素和氨基酸等，也是减少培养过程中出现污染的一条有效途径。这种方法对营养要求不很复杂的培养物或在微繁殖的生根培养阶段较为适用。另外，也有研究者在一些植物的培养基中加入抗生素、杀菌剂或抑菌剂，进行开放式组织培养体系的探索。这样培养基不需高压灭菌，接种和培养不必在无菌条件下，一定程度上简化了组培环节和程序，降低了生产成本。

（刘进平、陈银华、罗丽娟编写）

第**7**章

# 无菌操作与培养管理

植物组织培养一般需要在无菌条件下操作和培养，除接种室和培养室需要利用紫外线、甲醛和高锰酸钾、新洁尔灭（苯扎溴铵溶液）等进行定期消毒（见第4章）外，还对工作人员、接种器械和具体操作上都有严格的要求。此外，培养物或试管苗的管理也与传统的大田植物管理有很大差异。

## 一、无菌操作

### （一）对工作人员的要求

工作人员要经常洗头、洗澡、剪指甲，保持个人清洁卫生。在接种室穿医护用的特制工作衣帽。工作衣帽、口罩也要经常清洗，洗净晾干后用纸包好进行高温高压消毒（108 kPa的压力下，121℃，灭菌20 ～ 30 min）。工作衣使用前后挂于预备间，并用紫外线照射灭菌。接种前洗手，最好用肥皂水或新洁尔灭清洗，然后用70%酒精擦洗或喷洒。

### （二）接种器械无菌技术

接种前要用紫外线照射超净工作台面15 min后，同时工作前送风10 ～ 15 min。首先用70%酒精喷雾或擦洗工作台面。然后对器械支架进行灼烧消毒，对接种工具如手术剪、手术刀、镊子等进行灼烧消毒；方法一般是用70%酒精浸渍、擦拭或喷洒后在酒精灯上灼烧。接种工具灼烧后放在器械支架上冷却待用。接种一定数量材料后，接种器械要重新灼烧灭菌，接种用的无菌纸要更换新的，避免因沾有植物材料或琼脂等引起双重污染和交叉污染。通常采用两套接种工具，使用一套时，另一套灼烧后冷却。对于较大的器械如显微镜等，可用70%酒精擦洗表面，然后用紫外线照射灭菌。继代转接时，要注意对待转接的培养物进行仔细观察挑选，防止将已经污染的培养物继代扩增；放置了很久的试管或三角瓶表面和瓶塞宜用70%酒精棉擦洗。接种器械灼烧时应远离装酒精的容器，更不能刚刚烧完就插入装酒精的容器中，也要避免不小心将酒精容器或酒精灯碰倒后引起失火。另外，在酒精灯点燃后，不宜用酒精溶液喷洒超净工作台。

（三）接种操作无菌技术

接种时，要穿好工作服，戴好工作帽和口罩，不准说话或对着植物材料或培养容器口呼吸。打开包塞纸和瓶塞时注意不要污染瓶口。在近酒精灯火焰处打开培养瓶瓶口，并使培养瓶倾斜，以免微生物落入瓶内。瓶口可以在拔塞后或盖塞前灼烧灭菌，接种工作宜在近火焰处进行。手不能接触接种器械的前半部分（即直接切割植物材料的部分），接种操作时（包括拧开或拧上培养瓶盖时），培养瓶、试管或三角瓶宜水平放置或倾斜一定角度（45°以下），避免直立放置而增大污染机会。手和手臂应避免在培养基植物材料、接种器械上方经过。接种时可直接用镊子夹住植物材料，用手术剪修剪切割后接到新鲜的培养基上，也可以将植物材料放置在经高温高压灭过菌的无菌纸（如牛皮纸、麻纸、粗滤纸或其他吸水性好的白纸）上，一只手用镊子夹住材料，一只手用手术刀切割（图7-1）。接种台面不宜堆放过多过高的培养瓶，以防止阻挡送出的干净气流。已消毒的植物材料接种时不慎掉在超净工作台上，不宜再用。接种期间如遇停电等事件使工超净工作台停止运转，重新启动时应对接种器械及暴露的植物材料重新消毒。

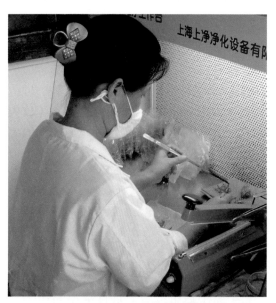

图7-1　组培技术人员在进行无菌操作

一般性切割外植体，可在预先消过毒（高温高压消毒、干热消毒或酒精擦拭后灼烧灭菌）的培养皿、盘、碟、玻璃板、滤纸、牛皮纸或纸箱皮等上进行。如果需要将组织切割成大小或重量均匀的小片（块）时，可以在塑料包裹或玻璃覆盖的绘图纸上切割、软木打孔器钻取，以及在铝箔纸上利用天平无菌称量等。在解剖茎尖或分生组织时，动作要快而准确，避免材料损伤过多或在空气中暴露过久而褐化或干死。

## 二、培养管理

### （一）日常管理

在接下来的培养过程中，为了使植物生长最快，需要对温度和光照进行调节。一般温带植物温度控制在25℃±2℃，热带植物温度控制在27℃±2℃为宜。温度过低或过高都不利于植物的生长和发育。有些植物需要在晚上黑暗培养及适当降低温度（如18～22℃），以便模拟自然条件下的昼夜温差效果。若温度太低，则植物生长缓慢或停滞；而温度太高，植物生长过快，极易发生玻璃化苗现象。光照方面，一般以每天光照8～16 h、光照强度1 000～5 000 lx为宜；需要黑暗处理的，可置于暗培养箱中培养；有特殊光照要求的，根据试验确定最佳光照条件。光照不足（光照强度较低，或瓶内培养密度太高不能使培养物得到均匀的光照）或光照过强，都容易发生黄化现象。培养室的相对湿度一般控制在70%～80%，若湿度太高，则容易发霉和污染，而湿度太低，培养基容易失水干裂。

培养物需要标记清楚接种日期，并注意及时转接。一般琼脂固化培养每2～4周转接1次，而液体培养可短些，比如每1周转接1次。有些植物生长慢的，可通过试验确定最适转接周期。一般组织、细胞和植株的生长都符合S形曲线，也就是说，培养物的生物量呈S形曲线增加，即培养经历延迟期（或滞后期）、短暂的对数生长期（或快速生长期）、静止期。因此，要确定培养物的快速生长期，并在快速生长期转接最为适宜。

培养管理的另一个重要内容就是要经常观察培养物的卫生状态，仔细观察瓶内是否有细菌或真菌污染。一旦发现，就要及时处理，以免交叉感染其他瓶苗，或转接后使污染迅速扩散，导致巨大的经济损失。此外，也应随时观察培养物的生长状态，是否发生褐化、玻璃化苗现象、生长不良或形态变异，以便及时处理。

### （二）生产计划

培养管理还有一个内容就是产量制订和生产规划。首先需要介绍一个概念，即增殖系数或增殖倍数（$m$），即指一个培养单位继代增殖培养一个周期后的产出，比如一个芽或芽块、一块芽丛或一块愈伤组织增殖一代后产生（又可分割为）多少个芽或芽块、芽丛或愈伤组织块，或一个单芽茎段增殖一代后产生（又可分割为）多少个单芽茎段，或可以粗略地用一瓶培养物增殖一代后又能继代转接多少瓶来估算。知道增殖系数或增殖倍数后，我们就可计算出一年的组培苗产量。以丛生芽增殖方式为例，假定每月继代转接一次，初代接种$n$个外植体，那么一年的无根苗产量（$P$）$= n \times m^{12}$；如果一年继代转接$x$次，初代接种$n$个外植体，那么一年的无根苗产量$P = n \times m^x$。如果再考虑到生根率和移栽成活率，最后的产量还需要无根苗的产量（$P$）再乘以生根率和移栽成活率。如果是单芽茎段培养方式，继代增殖培养的同时进行生根，那么如果一年继代转接$x$次，初代接种$n$个外植体，那么一年的有根苗产量（$P$）$= n \times m^x$，最后的产量应为有根苗产量$P$再乘以移栽成活率。一般来说，增殖率以3～5为宜，不宜太高，否则苗劣苗弱，产生的有效芽或有效苗就少，最后的生根和移栽成活率也低。此外，在计算产量时还需要考虑一定的污染和人为损耗，才算实际。生产规划时一方面要考虑增殖率、生根率和移栽成活率等指标外，另一方面也要考虑劳动力、培养瓶及培养空间的限制。

### （三）外植体褐变

外植体褐变是初代培养中经常遇到的一个问题。有些植物材料在接种后会从伤口处分泌出褐色或黑色色素。这是由于外植体切割后，内部细胞与外界空气直接接触，组织中多酚氧化酶激活，多酚类化合物和单宁被氧化后产生的醌类物质的缘故。当这些物质扩散到培养基中时，会抑制植物体其他酶的活性，毒害外植体。

植物种类或基因型、外植体采集时间、采集部位及生理状态、培养基成分、培养条件、继代培养时间等都影响褐变的发生。热带植物比温带植物容易褐化，而木本植物比草本植物容易褐化。同一种物种的不同品种或基因型。同一品种的不同生长季节采集的外植体，褐化的程度也不同。无菌苗采集外植体要比野外大田苗外植体不容易褐化，而早春或秋季采集的外植体不容易褐化。此外，新鲜的、较大的外植体比成熟（或老化）的、切割成较小的外植体不容易褐化。培养时间较长而不及时继代转接也容易引起褐化。培养基中较高的盐浓度或生长调节物质、高的pH、相对较强光照或较高的温度都促进褐化。

为了避免褐化，可采取如下措施：

①尽可能接种较大的外植体，或者接种前热激预处理如45～50℃高温预处理45 min（可抑制多酚氧化酶活性）。外植体采集后用流水冲洗30 min以上，或在接种前先将外植体在无菌水或无菌的低浓度（0.2%～2%）硫代硫酸钠（$Na_2S_2O_3$）溶液中浸泡处理。

②采用锋利的解剖刀并使切面垂直（减小伤口面，避免对外植体过度切割损伤），或在无菌水中切割。

③采用幼龄材料及分生或幼态部位外植体接种。

④改变接种方向如水平接种或倒置接种。

⑤尽可能在初代培养中降低培养基中无机盐（如钾盐和硝酸盐）、蔗糖和植物生长调节物质（比如激动素）浓度。

⑥采用液体培养基而不是琼脂固化培养基，有利于扩散褐化物质并控制褐化。

⑦高温和强光照会刺激酚氧化酶而加重褐化，因此要避免过高的温度和过强的光照（如采用散射光）培养。

⑧在培养容器中培养时间不宜过长，尽可能及时转接到新鲜的培养基上，有时为了防止褐化，需每隔数小时或数天就转接一次。或无用液体培养基振荡培养一段时间后，待褐化不明显时转接到固体培养基上。

⑨在培养基中加入吸附性的材料如活性炭（0.1%～0.5%）或聚乙烯吡咯烷酮（PVP，浓度为5～20 g/L），或抗氧化剂如柠檬酸（0.05%～0.5%）、氰化钾（5 mmol/L）、维生素C（100 mg/L）、L-半胱氨酸（100 mg/L）、硫脲（100 mg/L）、谷酰胺、精氨酸、天冬酰胺、芸香苷（50～100 mg/L）、硫代硫酸钠（$Na_2S_2O_3$，20%溶液加入量为5 mL/L）等。

### （四）玻璃化苗现象

在继代培养中需要注意玻璃化苗现象（vitrification）。苗芽玻璃化是一种异常的生理现象，是植物组织培养中出现的半透明状、畸形的试管苗。其解剖特点为整株植物矮小肿胀，呈半透明状。有时发育出大量短而粗的茎，节间很短或几乎没有节间，输导组织虽可看到，但导管和管胞木质化不完全。叶片厚而狭长，有时基部较宽，叶片皱缩或纵向卷曲，脆弱易折碎，叶表缺少角质层或蜡质，或蜡质发育不完全，无功能性气孔器。玻璃化叶片不具有栅栏组织，仅有海绵组织。

许多木本或草本植物的组培都会遇到玻璃化苗现象，如苹果、松、李、扁桃、梨、北美红杉、毛白杨、美洲红杉等木本植物，以及菊花、一品红、甜瓜、矮牵牛、倒挂金钟、洋蓟、香石竹等草本植物的微繁殖中均有发生。一般而言，培养条件与玻璃化现象的发生有关。如使用琼脂浓度低的培养基或液体培养基，水势或容器内的相对湿度过高，以及培养基中BA浓度过高，或培养基消毒时间过长，采用幼嫩植物材料等。因而，为降低和减轻玻璃化现象的发生，可以采取以下措施：

①适当增加琼脂和（或）糖浓度，或避免采用易产生玻璃化现象的琼脂种类，以降低培养基的渗透势，从而降低水分供应过多造成的胁迫。

②改善培养容器的气体交换如采用透气较好的材料封口，以便降低瓶内湿度和产生的乙烯。

③改变培养基的大量盐类（如降低氯离子含量，减少铵态氮的量而提高硝态氮的量，增加 Ca、Mg、Mn、K、P、Fe、Cu、Zn 等含量）。

④降低 BA 水平或改用其他类型细胞分裂素（如 2iP）。较高浓度的 BA（尤其是同时加入 GA 的组合下）容易引起玻璃化苗现象。

⑤增强光照可减缓或改善玻璃化苗问题。另有报道，将试管苗转移到自然光照条件下，可促进试管苗的木质化，从而一定程度上消除玻璃化苗现象。

⑥适当降低温度或低温处理，可减缓或改善玻璃化苗问题。

### （五）各种生长不良

①初代培养中外植体发黄、发白或枯死，可能是由于表面消毒时间过久或消毒剂浓度过高引起，也可能是表面消毒后无菌水未漂洗干净，残留的消毒液浸入外植体所致。

②外植体过小或切割过重也会导致培养物无反应，甚至褐化或枯死。

③生长调节物质配比不当。细胞分裂素过高时，导致增殖率提高，但苗丛生，但小而弱，色黄白而短，茎秆粗、无节间或节间不明显，或呈扫帚状，长时间培养不伸长，有时甚至苗芽畸形，叶片小而增厚。生长素过高会使器官外植体或愈伤组织先进行根的分化，或在芽分化或苗芽生根培养时愈伤组织化严重。生长调节物质过低时不分化或不反应。

④基本培养基或培养条件不适。如果培养物生长极缓慢时，要注意培养物与培养基的接触情况、培养基的渗透压及 pH（影响培养基成分的有效性及培养物的吸收），另外也可以考虑往培养基中附加精氨酸、天冬酰胺、天冬氨酸、丙氨酸、脯氨酸、谷氨酸、生物素、叶酸、维生素 $B_2$、维生素 $B_{12}$ 等氨基酸和维生素，或附加水解酪蛋白（50～300 mg/L）、水解乳蛋白（50～300 mg/L）、椰乳（50～300 mL/L）等有机附加物。当培养物不分化时可考虑采用强度更大的细胞分裂素或生长素，细胞分裂素活性从弱到强依次为 KT、BA、ZT、TDZ，生长素由弱到强依次为 IAA、IBA、NAA、2,4-D。另外，培养条件如光照和温度对培养物的生长和分化也影响较大。光照强度通常为 2 000 lx（变化幅度为 1 000～5 000 lx），光周期为每天 16 h 光照，但有些木本植物如扁桃生根培养要求暗处理，多数植物愈伤组织诱导初期暗处理也是有益的。培养温度与植物本身的生长条件有关，如温带植物宜在 25℃ ±2℃，热带植物宜在 27℃ ±2℃ 条件下培养。低温或高温预处理或变温处理也可能对培养物的活性或分化潜能有提高的作用。苗芽不增殖时，可能需要增加细胞分裂素，也可能需要冷处理数周，如果由于培养温度过低导致苗芽不增殖时，则需适当提高温度。

当培养基中缺氮时，植株下部叶片先变黄，进而遍及整株。缺硼时，整株茎秆纤细，生长缓慢，幼叶暗绿；老叶暗紫或青铜色，叶脉间有淡绿色斑纹。缺硼严重时可导致枝端死亡，且伴随主茎有橙红色、变形或分权，髓呈黑色或暗褐色。缺钙和缺硼都会造成顶芽坏死，但缺钙的症状是嫩叶从叶间开始褪绿，叶缘卷曲，幼叶先端枯死；而缺硼则幼叶内卷、黄化、变厚变脆。缺铁、缺锰、缺钴、缺硫都不会使顶芽枯死，但会使其缺绿（叶色变浅）。缺铁则表现为幼叶失绿症状，幼叶叶脉间呈淡绿或黄白色，仅叶脉呈绿色，而老叶仍为绿色，分生组织停止分裂。缺锰时叶片稀少，呈淡绿色，叶尖黄化，叶脉间出现缺绿斑点或连成条纹。缺钴时，叶片失绿而卷曲，整个叶片向上弯曲而枯萎。缺硫时叶脉失绿。缺铜时苗芽形成扭曲、柔软的分枝。缺锌也会导致幼叶顶枯，叶片缩短、丛簇生长。缺镁时，植株下中下部叶片出现斑点或黄化，叶缘皱曲，呈火烧状。缺锌时，叶簇生，叶小而尖，叶脉间呈淡绿至黄色。

另外，愈伤组织在氮不足时表现花色苷的颜色如红或紫红色，愈伤组织内部很少看到导管分子的分化；当氮、钾或磷不足时，细胞过度生长，形成一些十分蓬松、甚至呈透明状的愈伤组织；铁、硫不足时组织会失绿，细胞分裂停滞，愈伤组织出现褐色衰老症状；缺硼时细胞分裂趋势放慢，过度伸长；缺少锰或钼时细胞生长也会受到影响。但外源激素的作用也会使培养物出现上述症状。当苗芽、体胚或细胞变红时，可能是胁迫原因，需要改变光照或温度、降低蔗糖浓度、增加硝态氮的含量或提高转接频率。当愈伤组织坚实不脆时，可能是培养基中糖分太多、硝态氮太少、培养物过老、培养基组成或植物材料来源问题，需要筛选不同培养基成分、选择快速生长的愈伤组织继代转接或变换为液体培养。

值得注意的是，培养条件不适或可加重这种营养元素缺乏状况，如培养温度高，植物生长旺盛，对钙的消耗加剧，培养基中缺钙，会导致苗芽顶芽坏死。这种情况可以通过降温来降低培养物生长、改善培养瓶通气状况或添加钙源等措施加以克服。但而如果以 $CaCl_2$ 进行钙源补充时，则往往会导致氯化物中毒现象，如叶片黄化、茎秆细弱或衰退死亡。培养温度过高一般会使叶片变薄、变长。光照不足会导致组培苗徒长、瘦弱、颜色由绿变浅或变黄。培养基水分过多或瓶内通透性差会导致上述玻璃化苗现象。

⑤继代转接不及时。继代转接时间宜在培养物的对数生长期（这个时间与培养物的种类和基因型等有关），这样可使细胞不断增殖生长。如果长期不继代转接时，会使培养基中养分消耗及有毒代谢物质积累而使培养细胞停止生长。有的培养物转接时间过晚会导致褐化严重。若长期保持在静止期，会引起大批细胞死亡。此外，有的培养材料（如愈伤组织）即使按时转接，在长期继代培养后，也会出现生长不良、增殖和分化能力下降等衰退现象。

### （六）变异苗的产生及控制

变异苗的产生属体细胞无性系变异。除不定芽再生导致嵌合体的分离（破坏、丢失或重排）是预先存在变异的表达外，其他类型的体细胞无性系变异的产生都与培养类型（或植株再生方式）、外植体类型（或组织来源）、生长调节物质、培养物的年龄（或继代培养时间）、遗传组成（或基因型）等有关。总的来说，从嵌合体植株取材培养容易发生变异（尤其以颜色嵌合体最为明显）；从成熟或衰老的植物材料进行组织培养要比幼嫩植物材料组织培养产生更多变异；自然杂种除非从母体组织上取材能保持跟母株一致的种性，而从种子或胚进行培养会发生性状变异。此外，使用的外源生长调节物质浓度越高，组培苗越容易发生变异；继代培养时间越长、周期越多，组培苗越容易发生变异；从植株再生方式而言，从芽或分生组织产生的植株，遗传稳定性要高于不定式或不定胚，而经过愈伤组织培养间接器官发生或体细胞胚胎发生最容易发生变异。因此，应采取以下措施控制变异苗的发生：

①外植体来源的母株要生长健壮、无变异，而从自然杂种实生苗采集外植体或胚培养会产生变异苗。

②除非证明不会产生变异或变异率在可接受水平，否则商业微繁殖中应尽量避免愈伤组织培养。

③采用幼龄的、预先存在分生组织或细胞的外植体（如顶芽、腋芽、分生组织）作外植体，而越衰老的、特化程度越高的组织进行培养产生变异的机会越大。

④使用平衡浓度的生长调节物质组合，避免使用过高浓度的生长调节物质。

⑤定期采集外植体以更新培养物，如香蕉微繁殖中每年都要从正常健壮母株上重新采集外植体，而且继代次数一般不超过8～10代。

⑥避免采用容易发生体细胞无性系变异的基因型。


（刘进平、陈银华、罗丽娟编写）

# 第8章

# 组培苗的炼苗与移栽

组培苗生产的最后一步是炼苗和移栽，移栽成活的植株通常才能作为商品苗出售。

## 一、试管苗与大田苗的差异

为什么组织培养产生的植株移栽到大田需要炼苗？这是因为离体植株与大田植株在形态与生理上有很大的不同。组织培养植株适应培养瓶内高湿度、低强度光照、以蔗糖作为能源物质（异养）和最优营养供应的环境，因此，根茎比较细弱，叶片薄而栅栏组织和叶绿体发育不良，维管组织发育不良，厚角组织少，根毛也很少。另外，组织培养植株的气孔一直张开，且叶片表面蜡质层没有或很薄，因此，蒸腾失水是移栽最大的问题。再加上由于培养基中蔗糖存在抑制了光合作用过程，叶绿体发育不良，植株也不能一下子适应通过光合作用自养。另外，温室、大田环境条件与体外培养环境有很大不同，如温室和大田湿度低，光照强度高，为带菌的环境，而体外培养环境则湿度接近100%，光照强度仅为数百至数千勒克司，为无菌环境。如果突然从离体环境移栽到大田环境而不加炼苗，则会导致植株死亡。所以，绝大多数植物种类在移栽前都必须经历一个炼苗（acclimatization 或hardening）（中文文献有时也不严格地称为驯化）过程。

## 二、炼苗方法

试管苗的生理和解剖特征决定了炼苗的方法，即必须对它们逐渐降低相对湿度和增强光照来进行炼苗，以使试管苗移出后适应大田的自养生长和有菌环境。

移栽前宜对移栽基质进行消毒。消毒方法一般有两种，一是用干热消毒法，将移栽基质在烘箱中烘烤处理或在高压灭菌锅中103.4 kPa（1.05 kg/cm$^2$或15磅）压力维持20 ～ 30 min。二是采用福尔马林熏蒸消毒法，即用5%的福尔马林或0.3%硫酸铜溶液泼浇于基质，然后用塑料布覆盖1周后揭开，翻动基质使气味挥发。

常规的炼苗程序如下，但不同的植物组培苗移栽难易程度不同，因此具体炼苗过程需要加以变化。

（一）闭瓶强光炼苗

当生根后或根系得到基本发育后（生根培养后7～15 d），将培养瓶移到室外遮阴棚或温室中进行强光闭瓶炼苗7～20 d，遮阴程度宜在50%～70%。

（二）开瓶强光炼苗

将培养容器的盖子或塞子打开，在自然光下进行开瓶炼苗3～7 d，正午强光或南方光照较强地区要注意采取措施如用阴棚或温室避免灼伤小苗。如果在开盖容器中培养不超过1周，一般不会引起含蔗糖培养基的污染问题。开瓶炼苗可以分阶段进行，即首先松盖（或塞）1～2 d，然后部分开盖1～2 d，最后完全揭去盖。这种方法在相对湿度十分低的屋内有很大优势。培养容器的开口大小也影响开盖的速度，开口大的瓶盖应比开口小的瓶盖除去的速度慢一些。

（三）试管苗的移栽

试管苗从琼脂培养基中移出时要用长镊子小心取出，彻底清洗干净根部（因为残留的蔗糖和营养会成为潜在的致病微生物的生长培养基，洗不净容易引起移栽苗烂根死亡），并且避免损坏根系。之后直接移栽或使用0.1%～0.3%的高锰酸钾或多菌灵等杀菌剂溶液中清洗，然后用清水清洗后移入苗盘、苗床或盆钵，也可用水清洗后用多菌灵溶液浸泡10～30 min后移栽，栽后淋足定根水。炼苗在塑料薄膜（或玻璃）温室内或遮阴网室内进行，使用温室或温棚时应注意设置通风口，防止浇水后高温引起萎蔫及高湿引起烂苗。生长基质应当具有适合的pH、多空隙、良好的排水和通气性能，如蛭石、珍珠岩、椰糠、沙、土等及按适当比例的混合物。由于移出的试管小植株极容易感染病害，所以生长环境的卫生状况和病害防治对移栽能否成功十分关键。通常对生长基质、培养容器和苗床进行消毒处理，采用新的培养容器或聚乙烯薄膜效果都很好，必要时可喷施稀的杀菌剂。

（四）移栽后的管理

移出的试管苗一般在炼苗前4周遮阴要达到50%～90%，并采用喷雾洒水保持一定的湿度（85%左右），之后逐渐降低湿度和增强光照。湿度的降低幅度及光照的增加量依不同植物而定，总体上应促使老叶缓慢衰退并同时产生新叶。如果降低或增加过快，会使叶片褪绿和灼伤，缓苗期延长，甚至导致移栽苗死亡。但是，只要小植株能够忍受，尽可能高的光照水平是有利的。温度不应低于20℃，最好达到25～30℃。但温度湿度过高易于滋生杂菌，造成苗霉烂或根茎处腐烂，因此应对温度加以控制。遮阳和调节湿度（喷雾或塑料薄膜覆盖）有助于控制温度。高温条件下要注意遮阳、降温和通风透气。在炼苗时可适当施用大量和微量元素，如采用1/4或1/2 MS培养基溶液。移栽后定期施肥才能保持苗木旺盛生长，具体施肥方法（顶部喷施或掺入基质）与施肥量随不同植物而异。

移栽一般在春季进行，如果在北方早春或冬季较冷的时节，可能需要对移栽苗床下铺电线进行加温，促进根系功能的恢复，直至新叶形成为止。对于较难移栽的植物，可先经沙床或营养盘移栽后，再移至营养袋中培育壮苗，也可直接移入营养袋中。直到长成一定规格（一定的高度、粗度和新叶数）和无病害的壮苗后，在大田中定植。

离体生根所用成本占组培苗产品成本的30%左右，对于某些植物也可不进行离体生根培养，直接将试管外或瓶外生根与炼苗相结合，也就是对无根苗进行直接在温室移栽。这种方法对某些易生根的植物行之有效，并可大大节约成本，所需要的环境条件与生根试管苗的炼苗要求相同，特别需要注意湿度、光照和温度。在向生根基质移植前，有时需要经生长素诱导生根处理。

（刘进平、陈银华、罗丽娟编写）

第二部分

*Part 2*

各

论

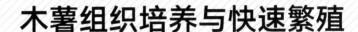

# 第9章

# 木薯组织培养与快速繁殖

　　木薯（*Manihot esculenta* Crantz），英文名cassava，又名木番薯、树薯，是双子叶大戟科（Euphorbiaceae）木薯属（*Manihot*）植物，也是世界三大薯类（马铃薯、木薯、甘薯）之一，具有高生物量、高淀粉含量和抗旱、耐贫瘠等优良特性。木薯是灌木状多年生作物，茎直立，幼嫩时呈肉质，成熟时木质化；株高一般是2～5 m，分枝类型为合轴分枝，不同的品种分枝的高度不同，主茎有2～4个分枝，再由这些分枝进一步产生由开花来诱导的生殖分枝；木薯的茎上节与节间相互交错，木薯的茎不仅可以用来繁殖，其形态还是划分木薯品种的重要依据。木薯的叶为互生单叶，叶片掌状7～9深裂或全裂，叶长10～20 cm；叶柄多为嫩绿色，有时会根据品种不同而呈现出红色。叶腋有腋芽，可以萌发形成新的枝条，一般在老叶脱落后，会留下明显的叶痕。木薯的花为单性花，雌雄同株，呈疏散的圆锥形花序，花序常位于生殖分枝处，一般在种植3～5个月后，开始开花。木薯的果实多为矩圆形蒴果，成熟果实的直径为1～2 cm，有6条凸起纵棱。种子成熟后会由果实分裂出的分果片弹出，木薯种子扁长，似肾形，呈黑褐色，但在生产上一般是用种茎栽培，因此，木薯是否开花结实与生产关系并不密切，只是在杂交育种时才需要其开花结果。木薯的根系通常比较稀疏，但入土较深，穿透性强，因此具有忍耐长期干旱的能力，木薯在用种茎段繁殖时会从种茎切口处或芽点长出不定根，无主次之分。木薯的块根通常称为薯，是主要贮存器官，肉质肥大，富含淀粉，是由吸收根分化而来，它不同于块茎，不能用来繁殖。成熟的块根分为3个明显的组织：周皮、皮层和薄壁组织。薄壁组织富含淀粉粒，是块根的主要食用部分，占根总重的85%左右。木薯块根的大小、形状与品种及生长环境密切相关。木薯块根含有30%～40%的干物质，高于其他块根和块茎作物，淀粉和糖是木薯干物质的主要成分，约占干物质90%。由于木薯块根淀粉含量在块根重量的27%～34%，被誉为"淀粉之王"。

　　木薯起源于热带美洲，在亚马孙河流域被驯化栽培，现在被广泛栽培于热带和部分亚热带地区，在海拔2 000 m以下垂直分布，在南北纬30°之间呈水平分布。世界木薯生产区域主要集中于热带和东南亚国家，尼日利亚、刚果（金）、巴西、泰国和印度尼西亚是全球前五大木薯主产国，2016年这5个国家的木薯产量占世界木薯总产量的比重为53.99%。我国于1820年前后由东南亚华侨开始引进，至今已有近200年的栽培历史。据数据显示，2017年我国木薯收获面积为29.41万hm²，占世界木薯收获面积的1.25%。我国始终对木薯的需求保持旺盛的态势，进口规模不断扩大。目前，中国木薯产业正在向食用化、饲用化和能源化等领域发展，木薯北移的工作也在逐步推进，我国于2008年启动了木薯产业技术体系，并批准了"973计划"项目等基金用以支持我国木薯产业研究工作，有国家木薯产业体系作为支撑平台，进一步扩大了木薯产业在中国的影响。木薯现在已广泛分布于我国长江以南多个地区，但主要集中在东南部的热带、亚热带区域，其中广东、广西和海南栽培面积最大，福建、云南次之，而江西、湖南、四川和贵州等省份的南部地区也有引种和试种。近年来，随着木薯北移工作的展开，木薯也在山东、新疆等地被试验化种植。木薯作为重要的生物质原料和稻谷、玉米等的调节替代品，其重要性和战略地位将更加突出，因此，未来中国对木薯及木薯加工品的需求将进一步扩大。

木薯是典型的无性繁殖作物，相对比较容易繁殖，传统的方法是采用木薯种植中成熟木质化的种茎来作为第二年的繁殖材料，年繁殖速度为10～15倍。但是随着木薯产业的发展，传统的繁殖模式远远无法满足生产需求，而且木薯种茎的运输成本高、保存困难，种茎的消毒成本高等这些因素都提高了木薯种植的成本，不利于木薯产业的发展。木薯的组织培养和快速繁殖技术在生产上具有巨大的优势，主要包括以下几点：第一，可以实现优良品种的种质保存及低成本运输。应用组织培养和快速繁殖技术可以简单方便地保存木薯优良品种的无性系，并且具有保存条件简单、时间久、成本低等特点。随着木薯北移计划的逐步推进，木薯种茎的由南向北运输成本较高，木薯组织培养和快速繁殖技术的发展可以有效降低运输成本；第二，可以快速且大量的获得木薯优良品种的脱毒苗。田间种植的木薯容易受到病虫害的侵袭，并且会将病原微生物的孢子和害虫的卵等有害生物留存在种茎中，严重影响木薯第二年的田间产量及品质，通过组织培养技术可以获得大量的脱毒苗，节约了大量的生产成本；第三，为木薯的基础研究及遗传改良提供实验材料。木薯的生长周期较长，且遗传背景复杂，对其很多生理生化及遗传的相关分子机制都尚未清晰，而木薯组织培养和快速繁殖技术的应用可以为木薯的研究提供大量、低成本的实验材料；第四，木薯组织培养是木薯生物技术育种的基础。由于木薯自身的特性（如植株的高度杂合、花粉育性低、有性子代性状严重分离等）及种质资源的局限性（如抗性基因资源贫乏、已知的品种均含有氰化物等），传统的育种方法在木薯育种上的应用受到限制。木薯组织培养不仅在优良新品种的快速繁殖及种质的保存、交换、脱毒、复壮方面具有重要意义，结合其他技术进行育种研究如倍性育种、转基因工程（如转抗病、抗虫基因和与产量、品质有关的基因等）也有赖于木薯组织培养技术获得突破。

## 一、木薯脱毒和快繁技术

从20世纪80年代后期起，非洲东部和中部12个国家的木薯普遍受到花叶病的危害；据报道，在亚洲印度也出现花叶病对木薯的危害。木薯花叶病主要由传毒媒介木薯粉虱（*Bemisia tabaci*）传播，其症状为在木薯生长早期，出现大面积植株叶片黄化花叶和卷曲皱缩变形现象；成龄植株发病，植株矮生时叶片普遍变小，黄化花叶的叶片表现尤其明显。木薯花叶病往往会导致产量损失在50%以上，严重的超过80%。木薯花叶病由许多不同种的双生病毒科（Geminiviridae）引起，由于非洲木薯花叶病对我国木薯产业存在严重的潜在威胁，2007年非洲木薯花叶病被列为我国检疫性有害生物。虽然木薯双生病毒靠白粉虱携带传播，但实际生产中，木薯花叶病主要因是为使用带病茎秆播种而广为传播。近年来，为丰富我国木薯种质资源的遗传多样性，国内相关的研究机构及企业等不断从国外引进新的木薯种质。然而，新种质资源引进同时，也容易把一些病虫害，尤其是检疫对象携带进国内，因此引进木薯种质的安全与健康引起广泛关注。

利用热处理结合微茎尖培养技术，可以根除常规方法难以防治的木薯植株上携带的花叶病毒，生产无病无毒的健康种苗。我们通过木薯嫩芽的热处理结合茎尖分生组织组织培养可以有效地去除木薯优良品种中带有的病原菌，实现脱毒和快繁相结合，不仅可以使推广多年的优良种质得以提纯复壮，还可以为不同地区种质安全交换提供技术保障。

### （一）外植体采集、预处理和表面消毒

将木薯茎秆切成25～30 cm的茎段，扦插于基质中进行盆栽培养，待侧芽萌发长大后，用刀片切取2～3 cm的木薯嫩芽作为外植体，剪去较大的嫩叶，冲洗干净后，除去外植体表面水分；将外植体置于恒温箱中，热处理完成后进行外植体脱毒处理。

在超净工作台上，用75%体积比的酒精溶液浸泡10～15 s，无菌水冲洗1～2次，再用0.1%重量比升汞溶液消毒3～5 min，无菌水冲洗4～5次，用灭菌纸吸去表面水分。将消毒处理后的外植体，逐层剥去嫩芽上覆盖的幼叶，直至露出顶端分生组织，切取分生组织区域长度为0.3～0.6 mm带1～2个叶原基的茎尖（图9-1A）。

### （二）茎尖诱导培养

采用滤纸液体培养的方式，接种茎尖至诱导培养基中培养，诱导培养基组分为：MS + NAA 0.01～0.03 mg/L + 6-BA 0.01～0.04 mg/L + GA$_3$ 0.2～2.0 mg/L + 蔗糖20～30 g/L，pH5.8～6.0，温度为24～26℃，光照强度1 500～2 000 lx，光周期8～10 h/24 h。培养7 d后，茎尖开始膨大，颜色逐渐变绿（图9-1B）；培养25～30 d，小苗长至2～4个节长，1～2条根（图9-1C）。

### （三）继代增殖与生根培养

将外植体长出的小苗，切取带芽茎段和顶芽，采用固体培养的方式，接种在继代增殖培养基MS + NAA0.01～0.03 mg/L + 6-BA0～0.02 mg/L + GA$_3$0～0.05 mg/L + 白糖20～30 g/L + 卡拉胶6.5～7.0 g/L（pH5.8～6.0）中，温度为26～28℃，光照强度2 000～3 000 lx，光周期12 h/24 h，培养周期为35～45 d，增殖率5～7，不定根2～6，其增殖和生根培养在同一培养基上完成。茎尖诱导培养获得的小苗比较幼嫩，为方便操作和减少损伤，第1次继代培养在培养皿中（图9-1D），第2次以后的继代培养接入试管或培养瓶中（图9-1E）。

同时切下叶片检测样品进行病毒检测，将脱毒不完全的试管苗剔除，无毒的试管苗转入继代增殖培养基中继续增殖培养。

### （四）炼苗移栽

将株高5～8 cm的无毒带根小苗置于大棚中拧松瓶盖炼苗1周，用清水洗净附着在根上

的培养基，用0.2%重量比的多菌灵浸泡0.5 h后，移栽到河沙、椰糠、表土体积比为1：1：1的营养杯中，浇足定根水，盖上小拱棚膜保水保湿，10 d左右逐渐揭膜直至不覆膜，以后每隔10 d施一次0.1%～0.2%重量比的复合肥，60 d后成活苗可移栽大田（图9-1F）。

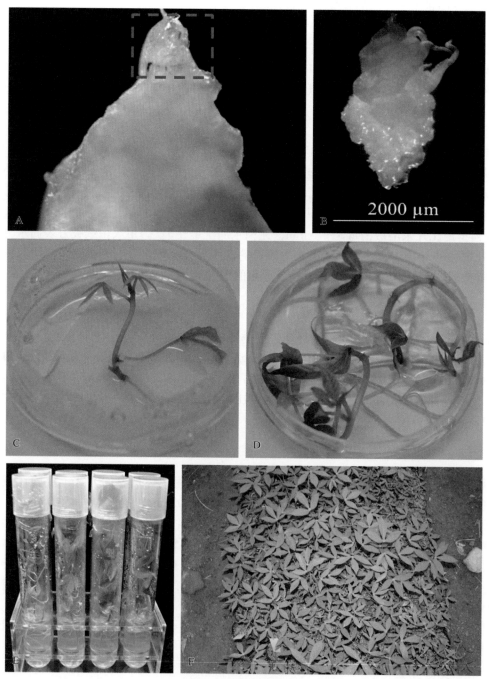

图9-1　木薯脱毒与快繁

A. 微茎尖外植体　B. 离体培养7 d的外植体　C. 离体培养30 d的外植体
D. 第1次增殖培养　E. 第2次增殖培养　F. 试管苗移栽

## 二、叶片体细胞胚胎发生和植株再生

木薯体细胞胚胎发生再生体系现已广泛地用于木薯的组织培养中，它是转基因、倍性育种、离体筛选培育新品种研究的重要手段。该体系首次报道于1982年，Stamp和Henshaw以木薯合子胚的子叶和胚轴为外植体成功诱导出胚状体。木薯的体胚发生可从多种外植体类型获得，发生部位主要位于分生组织及胚性组织区域，如合子胚的子叶及胚轴、幼叶、茎尖分生组织等。其后，学者们对该领域进行了广泛、深入的研究，如马国华等（1998）研究了细胞分裂素和生长素对其器官建成和体胚的影响；Mathews等（1993）对提高体胚的再生频率进行了研究；李洪清等（1995、1998）、张鹏等（2001）也在木薯体胚方面做了细致的研究并成功获得再生植株。

### （一）无菌试管苗的获得

取木薯幼嫩枝条剪去嫩叶片，切取 2 ~ 3 cm 的嫩芽作为外植体，自来水冲洗数分钟，用吸水纸吸干表面水分或自然沥干。在超净工作台用75%酒精浸泡10 ~ 15 s，无菌水冲洗1 ~ 2次，再用0.1%升汞溶液消毒3 ~ 5 min，无菌水冲洗4 ~ 5次，用灭菌纸吸去表面水分，接种于MS + NAA0.02 mg/L + 6-BA0.01 mg/L + GA$_3$ 0.02 mg/L + 蔗糖20 g/L + 卡拉胶6.5 ~ 7.0 g/L（pH5.8 ~ 6.0）中，温度为24 ~ 26℃，光照强度1 500 ~ 2 000 lx，光周期8 ~ 10 h/24 h，培养周期为25 ~ 30 d，即获得无菌试管苗。

### （二）愈伤组织诱导与体细胞胚胎发生

取试管苗的3 ~ 6 mm大小的嫩叶，切成约4 mm大小的小块，接种于诱导培养基MS + 2, 4-D4 mg/L 或 picloram10 mg/L + 蔗糖20 g/L + 卡拉胶6.5 ~ 7.0 g/L（pH5.8 ~ 6.0）中进行暗培养，温度为24 ~ 26℃。培养14 d后，从部分愈伤组织中开始形成球形胚状体，21 d后胚状体进一步伸长长大（图9-2A）。

### （三）体细胞胚胎成熟培养和次生体细胞胚胎诱导

将培养21 d的胚状体从愈伤组织中剥离，接种到体胚成熟培养基MS + 6-BA0.1 ~ 0.2 mg/L + 蔗糖20 g/L + 卡拉胶6.5 ~ 7.0 g/L（pH5.8 ~ 6.0）上光照培养，温度为24 ~ 26℃，光照强度1 500 ~ 2 000 lx，光周期8 ~ 10 h/24 h。培养25 ~ 28 d后，胚状体变大转绿为子叶胚，即成熟的胚状体（图9-2B）。

将成熟胚状体的子叶分切成几小块（大小约4 mm）接种于诱导培养基上，进行次生体胚的循环培养，以获得更多的胚状体。

### （四）植株再生培养

将成熟的胚状体接种于再生培养基MS + BA0.01 ~ 0.02 mg/L + GA$_3$ 0.02 mg/L + NAA0.01 mg/L + 蔗糖20 g/L + 卡拉胶6.5 ~ 7.0 g/L（pH5.8 ~ 6.0）上光照培养，温度为24 ~ 26℃，光照强度2 000 ~ 2 500 lx，光周期10 ~ 12 h/24 h，培养25 ~ 28 d后，胚状体

图9-2　木薯叶片诱导体胚发生与植株再生

A.胚状体　B.成熟变绿的子叶胚　C.子叶胚发育成苗　D.再生植株的继代扩繁

发育成苗（图9-2C）。将小苗茎尖和带芽茎段切下，接种于快繁培养基上进行扩繁，即可获得更多试管苗（图9-2D），或培养35 d左右移至荫棚进行炼苗。

## 三、茎尖和腋芽体细胞胚胎发生和植株再生之方法一

### （一）外植体预培养

切取试管苗1.0 ~ 1.5 cm的带腋芽茎段平放在腋芽诱导培养基MS + BA 0.01 ~ 0.02 mg/L + 蔗糖20 g/L + 卡拉胶6.5 ~ 7.0 g/L（pH5.8 ~ 6.0）上暗培养。培养1周，腋芽膨大即可用于体胚诱导培养。

### （二）体细胞胚胎诱导培养

用解剖针将试管苗茎尖和膨大的腋芽挑出，接种于诱导培养基MS + 2, 4-D 4 mg/L 或 picloram 10 mg/L + 蔗糖 20 g/L + 卡拉胶 6.5 ～ 7.0 g/L（pH5.8 ～ 6.0）中进行暗培养，温度为 24 ～ 26℃。培养 2 周后，可见胚性愈伤组织形成。

### （三）体细胞胚胎成熟培养

将诱导培养 21 d 后的胚状体接种到体胚成熟培养基MS + 6-BA 0.1 ～ 0.2 mg/L + 蔗糖 20 g/L + 卡拉胶 6.5 ～ 7.0 g/L（pH5.8 ～ 6.0）上光照培养，温度为 24 ～ 26℃，光照强度 1 500 ～ 2 000 lx，光周期 10 ～ 12 h/24 h。培养 25 ～ 28 d 后，胚状体进一步长大成熟，转为成熟的胚状体，即子叶胚。

### （四）再生植株培养

将转绿的子叶胚接种于再生培养基MS + BA 0.01 ～ 0.02 mg/L + $GA_3$ 0.02 mg/L + NAA 0.01 mg/L + 蔗糖 20 g/L + 卡拉胶 6.5 ～ 7.0 g/L（pH5.8 ～ 6.0）上光照培养，温度为 24 ～ 26℃，光照强度 2 000 ～ 2 500 lx，光周期 10 ～ 12 h/24 h，培养 21 d 后，可见小苗长出，培养 35 d 后即获得再生植株。

## 四、茎尖和腋芽体细胞胚胎发生和植株再生之方法二

### （一）单芽茎段方式增殖培养

取盆栽木薯植株顶芽下 3 ～ 7 节茎段，剪去叶片，留 1 cm 长的叶柄（图 9-3A），然后进行表面消毒。前期实验表明，为了提高消毒效率，顶芽的采集应尽量避免在雨后。常用的消毒剂有升汞和次氯酸钠，升汞的效果最佳。一般消毒步骤为：用清洗剂浸泡 10 min，流水冲洗 20 min，然后转移到超净台内，在无菌烧杯中用 75% 酒精浸泡 40 s，弃去浸泡液，再用 0.1% $HgCl_2$（或 10% NaClO）浸泡 10 min，在浸泡期间需要振荡几次，弃去浸泡液后用无菌水冲洗 3 次，置于无菌培养皿内晾干。将晾干的茎段切成芽上 0.5 cm，芽下约 1 cm 长，叶柄 0.5 cm 的单芽茎段（图 9-3B），接种在无激素的MS培养基（MS + 2 μmol/L $CuSO_4$ + 2.0% 蔗糖 + 7.5 g/L 琼脂粉，pH5.8）上进行初代培养，于 26℃，3 000 lx，12 h 光照培养。初代培养产生的无菌苗再按单芽茎段方式，接种在无激素的MS培养基（MS + 2 μmol/L $CuSO_4$ + 2.0% 蔗糖 + 7.5 g/L 琼脂粉，pH5.8）上进行继代增殖培养（图 9-3C），条件同上。

### （二）体胚的诱导及循环培养

1. 体细胞胚的诱导培养　在超净工作台上，剪掉生长 40 d 左右的木薯无菌苗的所有叶片，将茎切成长约 1.5 cm 的茎段（每个茎段上均含有腋芽），将茎段均匀地放置在腋芽膨大培养基（MS + 2 μmol/L $CuSO_4$ + 10 mg/L 6-BA + 2.0% 蔗糖 + 7.5 g/L 琼脂粉，pH5.8）上诱导腋芽膨大（图 9-3D），每个培养皿上接种约 15 个茎段，28℃ 条件下暗培养 5 d 后，小心

地切下膨大的腋芽（图9-3E），放置于体胚诱导培养基（MS + 2 μ mol/L CuSO₄ + 12 mg/L piodoram + 2.0%蔗糖 + 7.5 g/L琼脂粉，pH5.8）上，在28℃条件下继续暗培养14 d（图9-3F）。

2. 体细胞胚的循环培养　当诱导产生胚性愈伤组织（图9-3G）后，在体视显微镜下，利用解剖针挑取胚性愈伤组织（这个阶段的体胚常带有非胚性愈伤组织，应把非胚性愈伤组织清除干净），将胚性愈伤组织转移到新的体胚诱导培养基（MS + 2 μ mol/L CuSO₄ + 12 mg/L piodoram + 2.0%蔗糖 + 7.5 g/L琼脂粉，pH5.8）上培养。每15 d继代一次，促使体胚不断增殖。

体胚经过3 ～ 4次继代后，再转移到体胚成熟培养基（MS + 2 μ mol/L CuSO₄ + 0.1 mg/L 6-BA + 2.0 % 蔗糖 + 7.5 g/L琼脂粉，pH5.8）或无激素的MS培养基上，28℃条件下，3 000 lx、16 h光照培养，促进体细胞胚胎成熟并诱导绿色子叶的形成。

12 ～ 16 d后，利用解剖针挑取约0.25 cm²大小的绿色子叶（图9-3H），转移到体胚诱导培养基（MS + 2 μ mol/L CuSO₄ + 12 mg/L piodoram + 2.0%蔗糖 + 7.5 g/L琼脂粉，pH5.8）上，28℃条件下暗培养14 d，诱导次级体胚发生，建立体胚循环体系。也可以在体胚成熟培养基上使绿色子叶进一步发育（图9-3I）。

### （三）胚性脆性愈伤组织的诱导及悬浮培养

由于脆性胚性愈伤组织（胚性愈伤组织上产生一种主要由细小的球形胚组成的结构）具有较高的遗传转化效率，因此，可将胚性愈伤组织转化为脆性胚性愈伤组织。

将从在MS培养基上连续培养的胚性愈伤组织中挑取的细小的球形胚（即脆性胚性愈伤组织）放置在脆性胚性愈伤诱导培养基（GD + 12 mg/L piodoram + 2.0%蔗糖 + 7.5 g/L琼脂粉，pH5.8）上诱导脆性胚性愈伤组织，28℃条件下暗培养14 d，继代2 ～ 3代，即可获得纯的脆性胚性愈伤组织（图9-3J）。

液体培养代替固体培养能显著地提高诱导频率，因此，将脆性胚性愈伤组织转移到液体脆性胚性愈伤组织悬浮培养基（SH + MS维生素 + 12 mg/L piodoram + 6.0%蔗糖，pH5.8）中悬浮培养并进行迅速扩增。当其再次被转移到体胚诱导培养基（MS + 2 μ mol/L CuSO₄ + 12 mg/L piodoram + 2.0%蔗糖 + 7.5 g/L琼脂粉，pH5.8）上时就可以得到成熟的体胚，进而诱导成绿色子叶（图9-3K、L）。

图9-3 木薯茎尖和腋芽诱导体胚发生与植株再生

A.取室内扦插幼苗未木质化的幼嫩枝条作外植体 B.消毒后的嫩茎被切成单芽茎段
C.增殖产生的木薯组培苗 D.取木薯组培苗带腋芽茎段诱导腋芽膨大 E.膨大的腋芽
F.膨大腋芽进行体胚诱导培养 G.诱导形成的胚性愈伤组织
H.胚性愈伤组织体细胚成熟并形成绿色子叶 I.绿色子叶进一步诱导形成丛生的再生芽
J.由胚性愈伤组织诱导形成脆性胚性愈伤组织 K.脆性胚性愈伤组织体胚成熟并形成绿色子叶
L.绿色子叶进一步诱导形成丛生的再生芽 M.由I和L中的再生芽生根后产生的木薯组培苗
N.木薯组培苗清洗根部后置于清水中培养 O.移栽到育苗袋中的组培苗

## （四）完整再生植株的获得

将绿色子叶转移到器官发生培养基（MS + 2 μmol/L CuSO$_4$ + 1 mg/L 6-BA + 2.0%蔗糖 + 7.5 g/L琼脂粉，pH5.8）上，置于28℃、3 000 lx、16 h光照条件培养2周。之后转移到同样的新鲜的器官发生培养基上，在同样的条件下培养2周左右后，就形成无根苗。将无根苗转移到茎伸长培养基（MS + 2 μmol/L CuSO$_4$ + 0.4 mg/L 6-BA + 2.0%蔗糖 + 7.5 g/L琼脂粉，pH5.8）上，在同样的条件下培养2～3周。切取长1～2 cm的无根苗，插入MS培养基上，在同样的培养条件下培养3周后，可继代扩繁（图9-3M）。

## （五）再生植株的炼苗与移栽

选取在培养瓶中生长1个月左右的木薯再生植株用于炼苗、移栽。此时的植株生长活力旺盛，根系发育较好。具体炼苗、移栽步骤如下：①将植株取出培养瓶，在水龙头下，轻轻冲洗植株根部的培养基（一定要彻底清洗干净，否则根部容易长菌，烂根）。②将植株放在装有清水的培养瓶中，盖紧盖子，室内放置3 d。③旋开培养瓶盖子，半打开状态，室内放置2 d。④打开培养瓶盖子，室内放置约1个月（每6 d换一次清水），至新根长出，叶片增多（图9-3N）。⑤将植株移至蛭石和营养土1∶1比例的育苗袋中（图9-3O）。室外培养两个月后移到田间种植。

（第一、二、三节由朱文丽、陈松笔和李开绵编写，第四节由耿梦婷和陈银华编写）

# 第 10 章

# 参薯组织培养与快速繁殖

参薯（*Dioscorea alata* L.），英文名为 greater yam，在我国又称大薯、水山药、淮山、菜山药、田薯、脚板薯，生育期为 8～10 个月，它是薯蓣属中在湿润半湿润的热带地区分布最广泛的物种之一。参薯为单子叶缠绕藤本，多为多倍体，以地下块茎无性繁殖为主，其地下块茎具有重要的食用和药用价值。参薯是全球重要的粮食作物之一，是热带以及亚热带地区的一种很好的有机食物来源，在人体健康方面发挥了重要作用。参薯是薯蓣属中种植最古老的物种之一，具有古老的驯化历史。参薯也是薯蓣属中最具有生产优势的一个种，产量潜力高，单株块茎产量可达 50 kg 以上，易繁殖（地下块茎或是地上的零余子），比杂草生长更旺盛，贮藏期较长。它的地下块茎营养价值丰富，富含碳水化合物、蛋白质、维生素，含有 7.4% 的粗蛋白质，淀粉含量为 75%～84%，每 100 g 组织中维生素 C 的含量在 3.0～24.7 mg，为热带和亚热带地区提供了良好的膳食碳水化合物源。除了参薯块茎外，参薯茎尖每 100 g 组织中葡萄糖含量高达 0.27 g，含有 18 种游离氨基酸，每 100 g 组织中黄酮类化合物总量为 27.8 mg。近来，研究证实参薯具有极高的药用价值，具有调节胃肠道功能、抗衰老、增强免疫力、抗肿瘤、降血糖、降血脂等功效。参薯在中国南方各省均有栽培，海南、广东、广西、云南、浙江等省均有规模化种植，参薯产量高的亩[①]产可达上万斤，经济价值较高，每亩净收入可达万元。

由于参薯开花少、育性低、杂交难，生产上种植的品种和农家种均是以块茎无性繁殖为主，种薯自繁自育，良莠不齐，炭疽病、褐斑病、枯萎病、茎腐病、褐腐病等真菌病害、根结线虫病等常见病虫害在全国各地发生严重，由于病原物长期在种薯中累积导致连作障碍，使参薯产量下降、品质变差、品种退化。积极开展参薯脱毒快繁技术体系的研究，在生产上规范化和标准化地使用健康的脱毒快繁种苗将有利于改善上述问题，为生产高产优质的参薯奠定基础。

目前，国内外均开展了参薯的离体组织培养技术的研究，采用的外植体有带芽茎段、叶、块茎、零余子，诱导目的有产生愈伤组织、芽、根、微型块茎。快繁的途径主要是通过诱导产生愈伤组织、不定芽和类原球茎来实现。茎段类原球茎的诱导为每两周继代一次，每次继代的增殖系数平均为 2.67，培养温度为 28℃，光照周期是每天 16 h 光照和 8 h 暗培养。茎段不定芽的诱导为每两周继代一次，每次继代的增殖系数平均为 3.5，培养温度为 28℃，光照周期是每天 12 h 光照和 12 h 暗培养。目前，广西壮族自治区农业科学院和三明市农业科学研究院已经将参薯快繁苗应用在生产上，产量均有提高。

① 亩为非法定计量单位，1 亩 = 1/15 hm²。——编者注

## 一、外植体的接种

取旺盛生长期的参薯20～30 cm茎尖为外植体，将带2～3个茎节的茎段或茎尖放入75%乙醇表面消毒30 s，无菌水冲洗2次，滴加2滴吐温－20的0.1%升汞浸泡8 min后，无菌水冲洗3次，将带腋芽的茎段接种在培养基上培养8周获得无菌苗，培养基配方为MS＋80 mg/L Ad＋0.1% PVP＋3%蔗糖＋0.7%琼脂（pH5.8），培养温度为28℃，光照16 h/d，每4周继代一次。

## 二、类原球茎的诱导

将无菌苗切成1 cm左右的带节茎段，接种到类原球茎诱导培养基上进行培养。类原球茎诱导培养基为MS（含3倍MS的$Ca^{2+}$浓度）＋1 mg/L 6-BA＋0.2 mg/L NAA＋0.1% PVP＋3%蔗糖＋0.7%琼脂（pH5.8）。培养温度为28℃，暗培养4周，每2周继代一次，可见白色或淡绿色凸起（图10-1A）。继续培养可形成致密愈伤组织（图10-1B）和疏松愈伤组织（图10-1C）。

## 三、类原球茎的增殖

将诱导形成的类原球茎接种于增殖培养基中进行增殖培养（图10-1D、E和F）。增殖培养基为MS＋4 mg/L 6-BA＋80 mg/L Ad＋0.1% PVP＋3%蔗糖＋0.7%琼脂（pH5.8），培养温度为28℃，光照时间16 h/d，每2周继代1次。

## 四、类原球茎的生长与生根

增殖形成的类原球茎在原来或新的增殖培养基上继续培养生长30 d，形成茎和叶，分株后接种于生根培养基中诱导生根（图10-1G），生根培养基为1/2 MS＋0.1 mg/L NAA＋0.1% PVP＋3%蔗糖＋0.7%琼脂（pH5.8），培养条件为培养条件为28℃，光照时间12 h/d。培养2～4周。

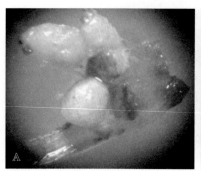
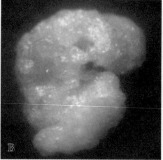
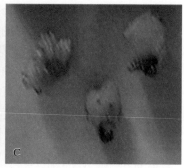

图10-1 参薯经类原球茎途径的组织培养和快速繁殖

A.类原球茎诱导培养基上30 d诱导的类原球茎 B.类原球茎诱导培养基上20 d诱导的致密愈伤组织 C.类原球茎诱导培基上30 d诱导的疏松愈伤组织 D.类原球茎增殖培养基上培养8～10 d后，长出带鳞叶的类原球茎 E.类原球茎增殖培养基上培养15 d后，顶芽伸出的类原球茎 F.类原球茎增殖培养基上培养20 d后，分化出芽的类原球茎 G.生根培养基上培养15 d后，长出茎叶根的类原球茎 H.移栽20 d后的幼苗 I.定植于土壤2个月后的植株

## 五、炼苗与移栽

选择根系较发达的植株，打开培养瓶盖，将培养瓶移至自然光下炼苗3～5 d。移栽时将根部的培养基洗净，去除褐化的老根；以珍珠岩和蛭石（2：1）混合物为移栽基质，每天定时用喷壶适量喷水，可取得较高成活率（图10-1H、I）。

（吴文蔷、许云、黄东益编写）

# 第 **11** 章

# 油棕组织培养与快速繁殖

油棕（*Elaeis guineensis* Jacq.）是重要的热带木本油料作物，全球种植面积超过1 200万 hm²，其生产的棕榈油占全球油脂的29%，超过25%的大豆油和15%的菜籽油，成为世界上最主要的油料作物。油棕单位面积的产油量平均达到250 kg/亩，其利用世界5%的油料种植面积生产了全球40%的食用植物油，被誉为"世界油王"。

油棕是异花授粉植物，杂交的后代是高度杂合的，因此油棕品种的选育需要多个世代的筛选和比较，获得平均产量和性状较好的群体周期至少需要20年时间，同时油棕只有一个生长点，不会像其他棕榈科植物能够形成吸芽，传统的嫁接、扦插等无性繁殖的方法无法实现油棕的快速繁殖，因此组织培养技术是油棕优良种质快速繁殖的唯一途径。

油棕的组织培养技术近20年有了较大的进展，目前以油棕的叶片和花序作为外植体，通过体胚发生的途径建立油棕组织培养技术体系已有很多成功的报道，被认为是可稳定重复的油棕组织培养技术体系。培养获得的油棕无性系通过在大田的试种，其产量比对照提高30%左右，变异率控制在2%以下。该技术体系主要包括下面几个步骤：①外植体的选择和处理。选择优异的目标油棕单株作为母树，1株可以获得2 000个叶片外植体材料或者250个花序外植体材料。②愈伤组织诱导。叶片等外植体材料通过1～15个月的愈伤诱导可获得愈伤组织，叶片的诱导率在2%～60%（平均19%）。③胚性愈伤组织诱导。愈伤组织需要培养5～36个月获得胚性愈伤组织，胚性愈伤组织的平均诱导率在4%左右。④次生胚的诱导和增殖。胚性愈伤组织培养6个月诱导获得体胚并伴有次生胚的产生，次生胚的诱导率达40%～50%。⑤芽的诱导。由胚状体继续诱导，成熟后获得芽。⑥根的诱导。选择长势健壮的单芽诱导生根，通常2个月内根诱导率超过80%，4个月后根诱导率90%以上。⑦炼苗与移栽。选择长势健壮的试管苗，经过2～4个月炼苗，可获得油棕幼苗，移栽成活率达90%以上（图11-1）。

## 一、外植体的选取

选择1周内连续无雨，在晴天采集外植体。一般选取树龄8～10年的油棕母株，切取茎干生长点上方的油棕茎段，用铲刀将油棕心部取下，将得到的油棕茎干除去表面杂质后，在油棕茎干表面喷涂75%的酒精进行杀菌，晾干，然后将晾干的油棕茎干置超净工作台上，剥除外层的老叶片，得到无菌的油棕嫩叶（图11-1A）。

## 二、愈伤组织的诱导培养

将油棕嫩叶修剪至大小为 1 cm × 2 cm 的小片，接种到愈伤组织诱导培养基中。接种后在暗培养条件下每 60 d 更换 1 次愈伤组织诱导培养基。出愈伤组织（图 11-1B）后，继代培养 1 ~ 2 次。愈伤组织诱导培养基为：MS + NAA 2.0 mg/L + 2, 4-D 10 mg/L + TDZ 2.0 mg/L + 活性炭 2 000 mg/L + 蔗糖 30 g/L + 琼脂粉 6 g/L。如无特别说明，所有阶段的培养温度为 25 ~ 28℃，湿度为 50% ~ 65%。

## 三、胚性愈伤组织的诱导培养

将得到的愈伤组织转接入胚性愈伤组织培养基中，继代培养 1 ~ 2 次后，选瘤状淡黄色或米色胚性愈伤组织（图 11-1C）转到体细胞胚诱导培养基中，继续在暗培养条件下培养。胚性愈伤组织培养基为：MS + NAA 0.2 mg/L + 2, 4-D 1 mg/L + 活性炭 2 000 mg/L + 蔗糖 30 g/L + 琼脂粉 6 g/L。

## 四、体细胞胚胎及次生胚的培养

将胚性愈伤组织转接到胚状体诱导培养基中，然后将其置于普通日光灯为光源的环境下，在光照强度为 1 500 ~ 2 000 lx，每日光照时间为 12 h 的条件下，进行胚状体诱导培养，获得油棕体胚（图 11-1D）。将体胚接种到次生胚诱导培养基，培养 60 ~ 90 d 后可形成次生胚团（图 11-1E），次生胚团切成 1 cm 见方的团块，转接到新鲜培养基继续增殖培养，之后每 30 d 继代一次。胚状体诱导培养基为：WPM + 2, 4-D 0.1 mg/L + 椰子水 500 mL/L + 蔗糖 60 g/L + 琼脂粉 7 g/L。次生胚诱导培养基与胚状体诱导培养基相同。

## 五、试管芽苗培养

在超净工作台上及无菌条件下，将体细胞胚或次生胚接种到芽诱导培养基中，在光照培养条件下培养。光照强度为 1 500 ~ 2 000 lx，每日光照时间为 16 h，可培养获得油棕试管芽苗（图 11-1F）。丛生芽上将超过 2 片叶片、健壮的芽切下，转到生根培养基诱导生根，较小较弱的芽继续转到芽诱导培养基进行壮苗或丢弃。芽诱导培养基为：1/3 MS + NAA 0.01 mg/L + 活性炭 2 000 mg/L + 蔗糖 30 g/L + 琼脂粉 7 g/L。

## 六、生根培养

在超净工作台上及无菌条件下，将油棕丛生芽切分成单株，切掉基部组织和部分叶片，然后接种到生根培养基，培养光照强度为 1 500 ~ 2 000 lx，每日光照时间为 16 h，培

图11-1　油棕组织培养与快速繁殖

A.油棕叶片处理和接种　B.油棕叶片愈伤组织　C.油棕胚性愈伤组织　D.油棕体细胞胚
E.油棕次生胚状体　F.油棕无根组培苗　G.油棕生根组培苗　H.油棕组培苗炼苗移栽

养约 60 d 后获得油棕试管苗（图 11-1G）。生根培养基为：1/3 MS + NAA 5 mg/L + 活性炭 2 000 mg/L + 琼脂粉 7 g/L。

## 七、炼苗与移栽

选择具 3 片全展叶并具有二级侧根的油棕组培苗。用清水漂洗 3 次后，栽植于装有移栽基质的容器中，基质埋至根与茎连接处向上大约 1 cm 处，栽植后淋透定根水。移栽 60 d 内，在双层遮阳网（每层遮阳网遮阳率为 75%）下培育，湿度保持在 95% ~ 75%；60 ~ 90 d 可在单层遮阳网（遮阳网遮阳率为 50%）下培育（图 11-1H）；之后可在露天培育。

（邹积鑫、李东栋编写）

# 第12章

# 剑麻组织培养与快速繁殖

剑麻（*Agave sisalana* Perr. ex Engelm）属龙舌兰科（Agavaceae）龙舌兰属（*Agava*），多年生、肉质、旱生单子叶草本硬质纤维作物，是全球和我国热区的最重要的麻类经济作物。剑麻纤维硬长，质地优良，洁白坚韧，具有拉力强、耐酸碱、耐摩擦，不易打滑、不污染环境、不易产生静电等优点。广泛应用于渔业、航海、工矿、运输、油田、汽车制造等行业，以及用于编织地毯、特种布、造纸、过滤器、工艺品、抛光轮、汽车内饰材料等。在国外，剑麻制品的多用途开发较为突出，许多与人体健康、环境保护有关的纤维制品或包装品正逐步被剑麻纤维替代，如墨西哥剑麻纤维制品有1 800多种，其中包含形式多样的工艺品，其用途已渗透到与人们日常生活密切相关的领域；巴西已大规模采用剑麻纤维制造高级纸张，开辟了剑麻纤维综合利用新途径。剑麻除纤维主产品外，占剑麻总量95%以上的液汁和麻渣也有广泛的用途，如利用液汁可提取贵重药物生产原料海柯吉宁、替柯吉宁，还可提取草酸、果胶和制取酒精及动力燃料；麻渣是良好的饲料和肥料等。因此，剑麻综合利用前景十分广阔。

20世纪60年代，我国成功引进剑麻高产良种H.11648（Agave hybrid cv NO.11648）并推广种植，该品种迅速成为剑麻种植的当家品种，使我国剑麻单产跃居世界前列，进而提高了我国剑麻种植区的经济效益。而且，我国剑麻加工业已趋于成熟，剑麻制品已不断向精深加工推进。目前已开发出20个系列500多个品种，并拥有一批知名品牌和出口免检产品，畅销国内外，形成了比较固定的销售网络，基本实现了以产品为龙头，产、供、销一条龙的产业化经营模式，其经济效益已越来越显著。目前我国种植的剑麻唯一品种H.11648，由于栽培品种的单一性，品种优良性状退化日益严重。剑麻易感斑马纹病（*Phytophthora nicotianae* Breda.）和茎腐病（*Aspergillus niger* Van.Teigh）等病害发生严重，特别是近几年爆发的紫色卷叶病，使剑麻生产受到严重影响。剑麻长期主要采用母株钻心、吸芽、珠芽等传统的育苗方法育苗，但繁殖系数低、劳动量大、时间长，并且不易获得优良种苗，远远不能满足生产发展对良种繁殖的需要。长期采用有性繁殖容易导致剑麻提前开花、生长周期缩短和品种退化。而采用剑麻珠芽组织培养繁育种苗方法具有繁殖系数高、保持原品种特性、避免种性分离、种苗不带病毒、生长一致等优点，使种苗的生产达到规模化、标准化和工厂化的目标。目前我国剑麻种植面积约30万亩，每亩种植数250～320株，按每年更新种植2万亩计，每年至少需要种苗500万株。

剑麻组织培养与快速繁殖包括外植体的选择与消毒、初代（芽诱导）培养、丛芽诱导与增殖培养、生根培养和驯化移栽几个步骤（图12-1）。

## 一、外植体的选择与消毒

在种植达12年、已割叶600片以上、无病虫害(斑马纹病、茎腐病)、特别是无紫色卷叶病和无介壳虫的麻田,选择生长旺盛、含纤维率高、抗病力强的健康优良品种H.11648单株作为母株,采其花轴中部生长健壮、大小一致的珠芽(规格:叶片数达3～5片、高度10 cm以上)作外植体。将采集的珠芽苗,假植到原种圃温室苗床,经过2个月的培育出根后,作组培的试验材料。

从控水几天的原种圃,于晴天选取高15～25 cm的健壮珠芽苗作为外植体。先切除珠芽苗的根及底部,再环剥外片,留茎尖3 cm(图12-1A),于饱和洗衣粉水溶液清洗干净,用流水持续冲洗20～30 min,晾干。将处理好的茎尖在超净工作台上用75%乙醇浸泡1 min,然后无菌水冲洗2～3次,再用0.1%的氯化汞(加几滴吐温−80)溶液消毒20～30 min,无菌水冲洗3～4次,每次1～2 min,无菌滤纸吸干,备用。

## 二、初代(芽诱导)培养

将消毒后的外植体两端变色部分切除,留取茎尖1 cm左右,纵切成2～4块后,接种到启动培养基(芽诱导培养基)上。启动培养基(芽诱导培养基)为:SH + 6-BA3.0 mg/L + NAA0.1 mg/L + 蔗糖30 g/L + 卡拉胶7.5 g/L,pH为5.8。在温度28℃ ±2℃,光照强度2 000 lx,每天连续光照12 h的条件下培养。一般培养15～20 d,外植体生长点周围长出1～2个芽,部分外植体形成丛生芽。

## 三、丛芽诱导与增殖培养

初代培养约40 d,当剑麻芽长至2～5 cm时,转到增殖培养基是进行继代培养。增殖培养基为:SH+6-BA 2.0 mg/L + NAA 0.1 mg/L+蔗糖30 g/L+卡拉胶7.5 g/L,pH为5.8。温度28℃ ±2℃,光照强度2 000 lx,每天连续光照12 h的条件下培养。

通过不断地进行继代培养,就可以使剑麻增殖按几何级倍数增长,获得大量的剑麻丛生芽(图12-1B)。剑麻组培的继代培养约30 d继代一次,继代培养代数(次数)要控制在10代以内。

## 四、试管苗的生根培养

经增殖培养后,从中挑选高3 cm以上、带有3～5片叶的芽,切下后接种于生根培养基上。生根培养基为:1/2 MS + IAA 1.0 mg/L + 蔗糖30 g/L + 卡拉胶7.5 g/L,pH为5.8。在光照12 h、温度28℃ ±2℃的条件下生根培养,约15 d后可见白色根长出,30 d后每株苗可长出4～5条3 cm以上的根(图12-1C、D),此时可进行炼苗和移栽。

图 12-1　剑麻组织培养与快速繁殖

A.珠芽外植体切割　B.剑麻增殖生长　C.剑麻瓶苗生根
D.剑麻袋苗生根　E.剑麻密植培育　F.剑麻疏植培育

## 五、炼苗与移栽

经生根培养30 d后，试管苗达到5 ～ 8 cm高，生根4 ～ 5条，将生根瓶苗（或袋苗）置于光线充足而又无直射光的70%～ 80%阴棚内变温炼苗，7 d后可进行移栽。移栽时，用流水清洗附着在根上的培养基，然后用0.2%～ 0.3%多菌灵水溶液浸泡20 min，移栽到苗床上（图12-1E、F）。按照揭进等（2012）方法，剑麻组培苗的移栽主要分密植苗培育和疏植苗培育两个阶段。

1. 密植苗培育　生根试管苗移栽到肥沃园土的苗床。苗床畦宽100 cm，组培苗移栽的株行距为10 cm×10 cm。床面铺上一层厚2 cm的椰糠或蔗渣，有利于保水、保肥，抑制杂草生长。移栽后，淋足定根水，注意通风保湿并保持50%～ 70%的遮阴，定期施肥，成活率可达95%以上。密植培育4个月后，当苗高 25 ～ 30 cm、株重0.25 kg以上时，便可移植至疏植苗圃培育。

2. 疏植苗培育　选择经密植培育的组培苗，苗高15 ～ 25 cm，移植到30 cm×30 cm、厚0.06 cm的塑料袋中。加强袋装苗管理，及时消除杂草和预防病虫害发生，注意淋水，保持培育基质湿润，定期施肥。袋装苗一般培育6 ～ 10个月。当展叶有20 ～ 23片、株高40 ～ 50 cm、株重1 ～ 2 kg时，即可将苗带袋泥出圃进行大田种植。

（张世清、易克贤编写）

# 第13章

# 甘蔗组织培养与快速繁殖

　　甘蔗（*Saccharum officinarum* L.）是多年生热带禾本科甘蔗属草本植物。甘蔗是一种高光效的$C_4$作物，其单位面积的光能利用率和土壤的生产率比许多作物高，是一种效益较高的作物。它能产生分蘖，蔗茎不产生分枝，株高3～4 cm或更高，蔗茎直径可达5 cm。蔗茎中累积有蔗糖分，含糖量高达10%～15%。栽培甘蔗的目的是收获蔗茎，种植一次可以多年多次收获。在栽培上，甘蔗种茎从下种到收获可分为萌发期、幼苗期、分蘖期、伸长期和工艺成熟期5个生长时期。甘蔗是我国主要的制糖原料，占全国食糖产量92%以上；同时，它也是轻工业的重要原料，除制糖外，还有很多副产品，如蔗渣、糖蜜、滤泥等。目前，甘蔗在广西、广东、云南、福建和海南地区均有种植，其中广西的种植面积最大，占全国种植面积的62%以上。

　　甘蔗是无性繁殖作物，是以蔗茎节上的侧芽体繁殖后代，用种量大，体积大，不耐贮藏，搬运困难，种苗繁殖慢。在生产实践中，农民习惯用梢部茎作种茎，一年的繁殖系数只有3～5倍，无性繁殖系数小，良种繁殖速度慢，而甘蔗种植用种量大，每亩用种量达到0.8 t，甘蔗良种繁殖往往跟不上生产的要求，特别是新育成品种的繁殖速度不能满足生产要求，使得新品种推广到在生产发挥良种作用的时间延长，降低了良种效益。在传统的良种繁育中，经常出现种苗混杂不纯的情况。另外，新品种经多年种植后，病毒反复侵染危害，其中甘蔗花叶病、宿根矮化病等是世界性危害。病毒不断在种茎中累积，导致其品质和产量不断下降，患病甘蔗一般减产10%以上，严重威胁到蔗糖业的健康发展，高的达50%以上，这也是甘蔗良种退化的主要原因。目前世界主要甘蔗生产国均利用组织培养技术快速繁育良种和生产健康种苗，但我国蔗区良种繁育技术推广与国外发达国家还有较大差距，良种质量低和繁育速度慢等问题导致甘蔗生产效益降低，单位面积产量徘徊在4～5.5 t，低于世界先进的蔗糖生产国。采用甘蔗组织培养及快繁技术生产甘蔗脱毒健康种苗和组培苗是解决上述问题最有效的措施。据有关研究表明，采用脱毒健康种苗进行种植，糖料蔗增产15%～52%，蔗糖成分达0.12%～1.71%，果蔗增产33%～69%。世界甘蔗生产大国如巴西、印度、澳大利亚、美国等都非常重视甘蔗脱毒健康种苗的研究与推广，其中巴西通过政府立法，明确规定生产上必须采用健康种苗种植。我国从70年代就已经开展甘蔗组织培养技术的研究，广西农业科学院甘蔗研究所在1998年率先对广西蔗区的主栽品种桂糖11等品种进行茎尖脱毒健康种苗的研究，随后其他省份甘蔗科研院所也陆续开展此项研究。目前，广西农业科学院甘蔗研究所是全国最大的甘蔗脱毒健康种苗生产单位，年生产组培苗能力达到1 000万株，并在国内首次研制成功利用间隙浸没式生物反应器和甘蔗组培苗光合自养生根技术繁育新品种和生产健康种苗，简化组培苗增殖阶段和生根阶段的操作流程，实现了规模化生产，降低了生产成本。

甘蔗组织培养快繁一般是指利用甘蔗腋芽茎尖脱毒培养进行快繁。主要针对种植年限较长，感染病害甘蔗品种或者有推广前景的甘蔗新品种。传统的培养技术增殖率为2 ~ 3，繁育代数为十几到二十几代，整个过程为6 ~ 8个月。目前，广西农业科学院甘蔗研究所采用甘蔗组培苗光合自养生根技术，组培苗生根和移栽同时进行，简化了生产程序，缩短了生产时间。采用新技术进行组培培养，整个过程只需要4 ~ 6个月，比传统技术缩短了1 ~ 2个月的时间。甘蔗组织培养技术繁育新品种的应用率达到100%，在广西蔗区所有新育成品种都经过组织培养快速繁育技术加速推广应用；但糖料蔗的健康种苗在市场的应用率不高，只占整个甘蔗种植面积5%左右，果蔗健康种苗应用面积较大，只占整个种植面积的50%。

甘蔗组织培养技术快速繁育良种流程包括培养物建立、继代增殖、生根培养和日光温室驯化等4个流程，其中的前3个流程工作都是无菌培养室进行，需要高标准的试验室、仪器设备、耗时最多、消耗人力物力最多，生产成本高，采用甘蔗试管苗光合自养生根技术后甘蔗组织培养快速繁育良种流程也由原来的4步流程（即培养物建立、继代增殖、生根培养、苗圃移栽）简化为3步流程（即培养物建立、继代增殖、日光温室炼苗与生根），在不增加基础设施投资的前提下，试管苗生产量增加1倍以上，同时生根操作流程由原来的7步流程简化为3步流程（图13-1），大大减少了生产资料和人工成本投入，降低试管苗生产成本50%以上。

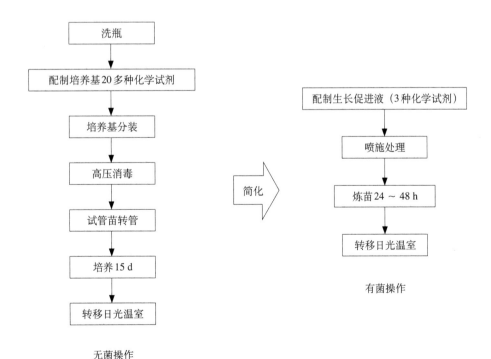

图13-1 传统的甘蔗试管苗生根操作程序与简化后的甘蔗试管苗光合自养生根操作流程比较

目前，该技术已经达到规模化生产水平，在广西扶绥县农业科学研究所和广西南亚热带农业科学研究所建成了两个年产50万株种苗的技术示范基地。甘蔗试管苗光合自养具有如下优势：

①采用甘蔗试管苗光合自养生根技术后，简化了试管苗生产流程。在传统的甘蔗试管苗生产工艺流程中，试管苗继代增殖和生根培养过程都在室内完成，都要求无菌操作，两个步骤竞争培养室和组织培养室内设施设备，因此试管苗继代增殖和生根培养工作有冲突，不可同时进行，压缩了试管苗的增殖继代代数，从而影响试管苗生产产量；而在简化后的甘蔗试管苗生产工艺流程中，增殖继代培养和试管苗生根分别在培养室和日光温室中进行，增殖继代培养在封闭的、无菌环境下进行，而试管苗生根在开放的、有菌的日光温室中进行，增殖继代培养和试管苗生根工作不会产生冲突，可同时进行，组织培养室内设施设备可全部用于甘蔗试管苗继代增殖，这一改变可大幅度增加试管苗继代次数和产量，理论上，甘蔗试管苗继代增殖工作不会被试管苗生根流程所打断，试管苗增殖继代时间大幅度延长，在不增加组织培养室和室内设施设备建设投入的情况下，试管苗生产量将会成倍增加，从而降低成本50%以上。

②甘蔗试管苗光合自养生根技术流程比传统的试管苗生根流程更简化。在传统的甘蔗试管苗生根流程中，试管苗生根培养和操作流程都是在实验室或无菌培养室内完成，试管苗是放在盛有生根培养基的培养容器中进行生根，生根环境特点是环境密闭、透气性差，光照强度弱（< 2 000 lx），恒温（30℃）和高湿度（RH达到100%）。而甘蔗试管苗光合自养生根技术操作步骤及要求环境与传统试管苗生根技术完全不同，甘蔗试管苗光合自养生根技术操作步骤少、简单；操作环境为普通日光温室大棚，有菌开放、透气性好，光照强度高（> 2 000 lx），温度波动幅度大和湿度波动幅度处于70%～100%；生长素通过喷施叶片导入试管苗，生根基质为新鲜河沙与黄泥或充分氧化田园土的混合物。

③甘蔗试管苗光合自养生根技术与传统生根技术成本比较。按图13-1所示，两种试管苗生根技术工艺流程，选取每瓶苗数量和质量基本一致的"桂糖44"瓶苗为试验材料，其中99瓶试管苗进行传统的异养培养生根和120瓶试管苗进行光合自养生根，移栽苗圃后统计结果见表13-1。并以表13-1计算结果平均每瓶存活植株数量和平均每孔存活植株数为基础，分别计算了甘蔗试管苗光合自养生根方法和传统试管苗生根方法的单株试管苗成本，分别是0.002 85元/株和0.081 1元/株，甘蔗试管苗光合自养生根方法的单株试管苗生根成本仅为传统生根方法的1/28（表13-2）。如果采用甘蔗试管苗光合自养生根技术，甘蔗试管苗单株成本可降低0.08 395元/株。由于试管苗细小丛生，数量统计难度大，目测法选取试验材料有一定的误差，传统生根方法选取99瓶试管苗种植了511孔（丛），而光合自养生根方法120瓶，只种植了459孔（丛），误差也有可能是丛栽种植时分苗不均匀所致，虽然有误差存在，但试验结果还是能充分说明甘蔗试管苗光合自养生根方法的单株试管苗生产成本远远低于传统的试管苗生根方法的单株成本。

④甘蔗试管苗光合自养生根与传统试管苗异养培养生根特征特性比较。通过对甘蔗试管苗叶片喷施外源生长素和炼苗24 h，使外源生长素对试管苗产生持续生根诱导效果，启动试管苗不定根发育进程，在有菌的沙土栽培条件和一定光照、温度和湿度条件下完成不定根根原基发育和伸长，试管苗和根的生长质量均高于传统的无菌培养生根方法。甘蔗试管

苗光合自养生根技术是一项新型的试管苗生根技术，与传统的培养基异养生根技术比，具有显著优势，该技术操作简单、简化试管苗生产流程、投入大幅度减少和生产效率高，可完全替代传统试管苗生根技术（表13-3）。

表13-1 甘蔗试管苗光合自养生根方法与传统生根方法试管苗移栽试验结果

| 生根方法 | 试验数量（瓶） | 种植数量（孔） | 存活数量（孔） | 存活率（%） | 存活植株数量（株） | 平均每瓶存活植株数量（株/瓶） | 平均每孔存活植株数量（株/孔） |
|---|---|---|---|---|---|---|---|
| 传统生根方法 | 99 | 511 | 503 | 98.0 | 2 122 | 21.0 | 4.0 |
| 光合自养生根方法 | 120 | 459 | 428 | 93.0 | 1 799 | 15.0 | 4.0 |

表13-2 两种甘蔗试管苗生根方法成本计算与比较

| 生根方法 | 成本构成项目 | 单株成本 | 备 注 |
|---|---|---|---|
| 传统生根方法 | 培养基成本 | 0.005 1 | 参考刘红坚等（2013）计算结果 |
| | 电力成本 | 0.020 4 | 参考刘红坚等（2013）计算结果 |
| | 人工成本 | 0.028 1 | 参考刘红坚等（2013）计算结果 |
| | 固定资产折旧 | 0.027 5 | 每株组培苗固定资产折旧成本按0.05元计（邱运亮等，2010），试管苗生根过程费用占总费用的35%～75%（徐振华等，2002） |
| | 合计 | 0.081 1 | |
| 光合自养生根方法 | 栽培基质 | 0.000 4 | 30 g/穴，河沙95元/m³，河沙比重1.92 t/m³，每穴存活苗数量4株 |
| | 化学试剂 | 0.002 1 | ABT2号生根粉使用量为200 mg/L，23元/g，每瓶喷7 mL。每瓶存活试管苗15株 |
| | 人工成本 | 0.000 07 | 人工计15 d，每天80元，共计120元，管理20个苗棚计，每棚可容纳408个9孔×6孔的种植盆，共8 160个种植盆，共计440 640种植孔，每穴存活苗数量4株 |
| | 水消耗 | 0.000 20 | 每15 d每株314 mL，水价2.6元/m³，每穴存活苗数量4株 |
| | 固定资产折旧 | 0.000 80 | 造价为15元/m²，折旧每年按10%，等于约1.5元/（m²·年），一年成本按每15 d分摊，则为0.061 7元/m²。每穴4株，则每苗棚育苗88 128株，116 m²棚，760株/m² |
| | 合计 | 0.002 85 | |
| 传统生根方法与光合自养生根方法之比 | | 28.0 | |

表 13-3　甘蔗试管苗光合自养生根技术与传统试管苗生根技术对比表

| 技术指标 | | 甘蔗试管苗光合自养生根技术 | 传统甘蔗试管苗生根技术 |
|---|---|---|---|
| 试管苗生根 | 诱导生根方式 | 光合自养 | 异养 |
| | 生根场所 | 简单建筑物，日光温室 | 复杂建筑物，无菌培养室 |
| | 环境参数 | 湿度：70%～100%；温度：20～40℃；光照：3 000～15 000 lx；有菌，半自然环境 | 湿度：70%；温度：25～30℃；光照：1 000 lx左右；无菌，完全人工控制 |
| | 光合作用 | 强 | 弱 |
| | 植物生长调节剂导入方法 | 喷施叶片导入 | 浸没基部导入 |
| | 试管苗栽培基质 | 河沙和黄泥或氧化充分田园土其混合物（体积比1：1） | 无菌的MS培养基+生长素+蔗糖 |
| | 生根程序 | 简单，有菌操作 | 复杂，且要求高，各个环节都要求干净和无菌操作 |
| 能源和劳动力消耗 | | 低 | 高 |
| 甘蔗试管苗生产流程 | | 减少生根培养步骤，流程简化为三个步骤 | 4个步骤，流程无简化 |
| 试管苗生产周期 | | 1个繁殖周期缩短10～15 d | 没有缩短 |
| 生根培养占用培养室空间 | | 不占用，在不增加固定资产投资的情况下，试管苗生产产能按增殖系数的几何级数增加 | 占用 |
| 试管苗单株生根成本 | | 试管苗单株生产成本为传统生根方法的1/28 | — |
| 苗圃存活率 | | >96% | >99% |

　　甘蔗脱毒与试管苗光合自养生根相结合的组培快繁技术包括培养物的建立、继代增殖培养、日光温室驯化与生根等几个步骤（图13-2）。

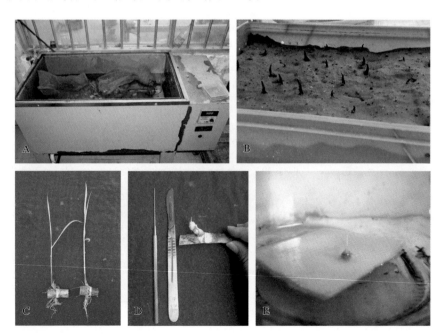

图13-2 甘蔗脱毒与试管苗光合自养生根相结合的组培快繁技术

A.温汤处理 B.沙培催芽 C.腋芽苗 D.茎尖接种 E.茎尖诱导培养 F.诱导培养丛生苗
G.继代增殖苗 H.生根诱导液处理 I.培养基质配制及装填 J.试管苗种植 K.小拱棚搭建
L.拆除小拱棚 M.分单株假植 N.可出圃杯苗

# 一、热处理结合茎尖培养脱毒

## （一）热处理

1.母体的选择　选择品种性状特征明显、健壮、生长旺盛、无病虫害症状的蔗株作为母体材料。

2.温汤及催芽处理　将母体材料砍成单芽茎段，放置在干净流动的清水里浸洗48 h后，再置于52℃的恒温水浴锅中温汤处理30 min（图13-2A），捞出沥干后将茎段排放在托盘内，腋芽朝上，排满整个托盘后，倒入干净的河沙，以河沙盖过腋芽为宜，浇透水分，盖上薄膜，放入恒温培养室内进行沙培催芽（图13-2B）。

3.沙培催芽管理　每天观察沙盘内腋芽生长情况，浇水以保持托盘内河沙湿润但不积水为宜，防止甘蔗茎段霉变。培养室内温度保持在38 ～ 40℃，光照强度在2 500 lx以上，培养时间为10 ～ 15 d。

## （二）茎尖培养

1.清洗　当腋芽苗长至高10 ～ 15 cm（图13-2C）时，选择生长粗壮的腋芽菌作为诱导丛生芽的外植体材料。将腋芽苗连同种茎从沙盘内挖出，用自来水冲洗干净，削去大部分种茎，只留下与腋芽苗相连的部分茎皮，去除腋芽苗外部老的叶梢及叶片后倒置在烧杯中待用。

2.消毒　剪去腋芽苗上部叶片，再用75%的乙醇将腋芽苗表面灭菌处理，然后倒置在干净的烧杯中待用。

3.茎尖接种　在超净工作台上剪去腋芽苗中上部，留下腋芽苗基部2 ～ 3 cm的部位（图13-2D），置于40倍解剖显微镜下，用接种针逐层剥去叶梢，直至叶梢剥完，露出茎尖。用解剖刀切取带1 ～ 2个叶原基、1 ～ 3 mm$^3$大小的茎尖分生组织。先将茎尖分生组织放在无菌水中浸泡20 min或者150 mg/L的PVP溶液中浸泡15 min。然后将茎尖接种到MS ＋ 6-BA 1.0 ～ 2.0 mg/L ＋ NAA 0.01 ～ 0.1 mg/L ＋ 核黄素15 ～ 30 mg/L ＋ 蔗糖3%的诱导分化培养基中。每个培养容器接种一个茎尖，茎尖直立放置在滤纸上（图13-2E）。

4.诱导培养　把接种有茎尖的培养瓶放置于培养室内的光照培养架上培养。培养过程中应注意避免褐化对茎尖的伤害，每天摇晃培养瓶，使茎尖在滤纸上的位置改变，每隔7 ～ 10 d更换一次诱导培养基，直至茎尖长出具有4 ～ 7个芽的丛生芽苗（图13-2F）。

5.培养环境要求　培养环境要求室内温度保持在28℃ ± 2℃，光照强度1 500 ～ 2 500 lx，光照时间每天14 ～ 16 h。

6.脱毒检验　获得的丛生芽苗应进行ScMV、SrMV、RSD病源(毒)检测，检测方法按NY/T 1804、GB/T 36829的规定执行，选取检测结果呈阴性的株系作为脱毒组培苗的基础苗。

# 二、继代增殖培养

在超净工作台上，用长柄枪型镊子将基础苗分成若干丛，每丛3 ～ 5株，转移到MS ＋

6-BA 0.5～1.5 mg/L＋NAA 0.05～0.10 mg/L＋蔗糖3%的继代增殖培养基上，每个培养容器接种1～2丛，进行增殖培养（图13-2G）。每隔14～20 d继代培养1次，继代增殖代数一般为十几到二十几代。培养环境条件与茎尖培养相同。

## 三、日光温室驯化与生根

继代增殖培养完成后，采用甘蔗组培苗光合自养生根技术在日光温室进行自养生根，操作程序如下。

### （一）甘蔗瓶苗处理

1. 瓶苗生根诱导液处理　将增殖的瓶苗运输到炼苗温室内，并打开瓶盖喷施配方为IBA50 mg/L＋NAA20 mg/L＋D脯氨酸60 mg/L＋吐温2 mL/L的生根诱导溶液，喷雾要细，要求均匀和无喷雾死角，最好每株植株全覆盖（图13-2H）。喷施后，将装有组培苗的培养瓶整齐摆放在炼苗支架上，并盖上塑料薄膜，炼苗24～48 h。炼苗棚的湿度为60%～70%，温度为20～40℃，光照强度为2 000～4 000 lx。

2. 瓶苗清洗和消毒　将甘蔗组培苗从培养瓶中取出，放入自来水中清洗3次，洗净苗上的培养基。清洗同时去除死苗和死叶，并将大丛苗分成小丛苗；小丛苗大小不等，一般1小丛苗不超过10株试管苗。接着将清洗好的苗放入消毒液中进行浸没消毒10 min，消毒液为体积百分数0.2%的亮盾溶液或0.6%的高锰酸钾溶液。

### （二）苗床及栽培基质准备

育苗温室苗床应在甘蔗试管苗移栽前1～2 d准备好。苗床准备工作包括除草、杀虫、松土、平整土地和施过磷酸钙，过磷酸钙施用量为0.25～0.5 kg/m²。栽培基质为新鲜河沙与新土或充分氧化的田园土的混合物，沙、土的混合比例为1∶1，栽培基质粒径为1.6～3.5 mm，无地下害虫、有害病原菌和杂草等（图13-2I）。

### （三）甘蔗组培苗种植及管理

1. 种植盆装填　将种植盆3个一排摆放在育苗温室苗床上，苗床宽度小于1 m，种植盆规格以6孔×9孔为宜，然后将栽培基质装满种植盆孔，并抹平。

2. 甘蔗试管苗种植　将经过处理的甘蔗组培苗按丛植放入小孔中，每孔1小丛或5～8株试管苗，并覆回基质，用手压紧。注意不宜种得太深，以免埋没组培苗叶片和影响存活率（图13-2J）。

3. 淋定根水　组培苗种植后要及时淋足定根水。第一次淋水完全渗透下去后，再淋第二次。

4. 苗床喷施杀菌剂　淋完定根水后，即对苗床喷施质量分数为0.16%的土菌消溶液。

5. 小拱棚搭建　用塑料薄膜覆盖和竹条支撑的小温室，建于育苗温室内，以便控制甘蔗试管苗光合自养生根苗床的温度和湿度。小拱棚为半圆形，规格为底宽100～110 cm、高60～80 cm（图13-2K）。

（四）苗圃管理

1.小拱棚内水分管理　小拱棚内的水分管理要求栽培基质保持湿润，空气湿度保持在60%～100%，特别是晴天，重点注意11：00～16：00这个时段内的栽培基质湿度，淋足水保持栽培基质湿润。

2.光照强度管理　育苗温室内的最适宜光照强度为2 000～15 000 lx。光照强度高时，于11：00～16：00时段育将苗温室受光面盖遮阳网，以降低光照强度；光照强度弱时，则揭遮阳网或不盖遮阳网，以保证育苗温室内有高强度散射光。

3.病害防治　甘蔗试管苗种植完成后，每隔5 d喷施质量分数为0.16%的土菌消溶液，直至甘蔗试管苗生根和叶片转青出新叶为止；另外通过在小拱棚顶部开5～10 cm小孔，增加棚内空气对流和调节湿度，减轻病害的发生。

4.虫害防治　甘蔗试管苗种植后，应定期检查苗床虫害情况。虫害发生程度轻，即可采取物理方法灭虫；虫害发生程度重时，每隔20 d喷施20%氯虫苯甲酰胺悬浮剂1 000倍液或2%阿维菌素乳油1 000～1 500倍液。

5.杂草控制　甘蔗试管苗种植15 d后，定期检查苗圃内杂草生长情况并组织人工拔除。

6.小拱棚拆除　甘蔗试管苗种植20～25 d后，试管苗完成生根，且叶片转青和新叶长出，试管苗自养功能恢复，这时即可拆除小拱棚（图13-2L）。

7.苗圃施肥　小拱棚拆除后，即可用质量分数为0.5%尿素水溶液作为叶面追肥，应勤施薄施，10 d左右施1次肥。每次施肥后，应剪去上部1/3叶片，使苗长得粗壮。

（五）分单株假植

丛栽苗在假植30～50 d后，当95%以上的小苗都有独立根系时，把丛栽苗从苗床拔起，分成单株苗，剪去部分叶片及过长的根，叶片保留3～4 cm长，根保留3～4 cm长，然后用黄泥浆浆根后，种植到营养杯（托）中（图13-2M）。假植后淋足定根水，成活前保湿遮阴，使土壤湿度保持在70%～75%。成活后去除遮阳网及覆盖物，用0.4%～0.8%浓度的复合肥（15：15：15）水溶液淋施，每周淋施1～2次。蔗苗封行后及时剪去过长的叶片。假植时间为30～35 d，待苗高长至30 cm，有3～5条根后，便可移栽至大田（图13-2N）。

（刘丽敏、何为中、刘红坚、李傲梅编写）

# 第14章

# 麻竹组织培养与快速繁殖

麻竹（*Dendrocalamus latiflorus* Munro）是禾本科竹亚科牡竹属木本植物，为合轴型的丛生竹类，又名甜竹、大叶乌竹。麻竹具有生长快、笋期长、产量高的特点，是一种经济价值高、生态效益好的优良笋材两用竹种。竹笋品质优良，脂肪含量少，粗纤维含量高，营养丰富，味道鲜美，作为食用佳品深受消费者喜爱，在国内外有极广阔的消费市场。麻竹竹竿粗大、材质优良可用于制浆、造纸、编织、建筑及工业板材；竹叶宽大，可用于制作斗笠、蓑衣及包装用品，也可用于制作竹汁饮料，提取黄酮、叶蛋白及抗衰老物质。麻竹原产中国，主要分布台湾、福建、广东、广西、贵州、云南等地，越南、缅甸、菲律宾也有栽培。麻竹喜温暖湿润气候，要求年平均温度19.6～21.8℃，最低不得低于−4.5℃，年平均降水量1 400～1 800 mm，适生于排水良好的沙质壤土及冲积土，在海拔600 m以下的丘陵山坡、路旁、河岸、溪边、沙滩或宅旁空地均可种植。

种植麻竹具有投入低、产出高、见效快、风险小的特点，是绿化环境、保持水土、调整农村产业结构、农民脱贫致富的一个好项目。生产上常用的麻竹育苗方法有：竹枝扦插育苗、埋节育苗、分株育苗、高位压条育苗等，这些育苗方法劳动强度大、耗材多、繁殖系数低、育苗成本高，严重制约麻竹产业的发展。应用组培快繁技术培育麻竹组培苗，可在短期内生产大量栽培用苗，且生产成本低、效率高，大大缩短生产时间，具有较强的市场竞争优势。

麻竹离体快速繁殖包括取材、消毒、接种、初代培养、增殖培养、生根培养、移栽等7个阶段（图14-1）。

## 一、取材

外植体宜选用老枝干上长出的一年生枝条，节芽要求健康、饱满。取材应在晴天早上露水干时或中午进行，所剪枝条剥去叶片，截成以节芽为中心上下各1.5～2 cm长的小段，置于玻璃杯中备用。

## 二、消毒

将备好的外植体用稀释的洗衣粉溶液浸泡数分钟，并用软毛刷刷干净表面的白粉，然

图 14-1    麻竹组织培养与快速繁殖

A.接种与初代培养    B.诱导出芽    C.增殖培养
D.生根培养    E.组培苗移栽    F.3个月后移栽苗

后用流动水冲洗约半小时，清洗几遍，吸干浮水，置于超净工作台中进行消毒处理。消毒首先用75%酒精浸泡30～60 s，无菌水冲洗1～2遍，然后用0.5%次氯酸钠溶液浸泡15 min，无菌水冲洗2～3遍，再用0.1%升汞溶液加2～3滴吐温浸泡20～25 min，无菌水冲洗4～5遍，备用。

## 三、接种

将消毒好的外植体，在无菌纸上切成上下各1 cm长的茎段，然后接入培养基中（图14-1A）。培养温度为28℃±2℃，每天辅助光照12～16 h，光照强度以1 200～1 500 lx为宜。

## 四、初代培养

麻竹带节茎段接入诱导培养基（MS+6-BA 4.0 mg/L + NAA 0.5 mg/L+活性炭 1 g/L+卡拉胶 6 g/L+蔗糖 30 g/L，pH 5.8）中能较好地诱导出芽。加入活性炭的目的在于降低褐化率。一般 10 d 左右即可诱导出芽，20 ～ 25 d 即可进行继代培养（图 14-1B）。

## 五、增殖培养

将诱导产生的芽从竹节上切下，转接到继代增殖培养基（MS + 6-BA 5.0 mg/L + NAA 0.5 mg/L+卡拉胶 6 g/L+蔗糖 30 g/L，pH 5.8）上进行增殖培养（图 14-1C）；一般 30 ～ 35 d 继代增殖一次。

## 六、生根培养

丛生芽的生根诱导率要比单芽高。将麻竹增殖芽切成带 2 ～ 3 个芽的丛生芽，接入生根培养基（1/2 MS + IBA 3.0 mg/L + NAA 0.8 mg/L+卡拉胶 6 g/L + 蔗糖 20 g/L）中进行生根培养（图 14-1D），培养 20 d 左右即萌发新根。当植株长到瓶高的 2/3，根数达到 3 根左右即可移出室外进行炼苗。

## 七、炼苗与移栽

将达到标准的麻竹生根组培苗从培养室中移至荫棚中，放置 4 ～ 5 d 后，将瓶盖移去，继续炼苗 3 ～ 4 d，然后移栽到营养杯中（图 14-1E）。充分地炼苗可以有效提高移栽成活率。

麻竹生长忌积水，移栽宜选用较为疏松的培养基质，椰糠是目前既轻便又实用的培养基质。将经过炼苗的麻竹组培苗从培养瓶中取出，用清水将其根部的培养基冲洗干净，再用多菌灵 800 ～ 1 000 倍液（其他杀菌剂也行）和生根粉两者混合溶液浸泡 1 min 左右进行消毒。然后分大小级分别植入装好基质的营养杯中，浇透水。刚移栽的组培苗叶片比较幼嫩，需要搭建小拱棚，并用塑料薄膜进行覆盖，以提高幼苗叶片周围的空气湿度，防止叶片失水焦枯，依湿度大小适当打开小拱棚两端薄膜调节湿度。夏季气温较高可在薄膜上方加盖 1 ～ 2 层遮阴网，以降低温度，或者搭建简易遮阴棚。7 d 后揭去塑料薄膜，浇透水，以后以见干就浇的原则 3 ～ 5 d 浇一次，每次浇水都需浇透。

刚移栽的麻竹组培苗根系生长较为缓慢，一般需 1 个月左右才能长出较多的新根，所以施肥不宜过早。等到幼苗完全成活，抽出 1 ～ 2 片新叶后方可进行施肥。施肥以薄施勤施为原则，前期主要施尿素，浓度以 0.1% 即可，后期浓度可适当提高到 0.2% ～ 0.3%，配合施少量复合肥。管理到位，一般 3 ～ 4 个月即可出圃（图 14-1F）。

（覃和业编写）

# 第15章

# 牛樟组织培养与快速繁殖

牛樟（*Cinnamomum kanehirae* Hayata）又名黑樟，属樟科樟属植物，为台湾特有的常绿阔叶大乔木。牛樟材质细致，不易腐朽，纹理交错，带有浓郁香气，被用作神像雕刻、家具制作等的最佳材料。同时，只在牛樟树干内壁或枯死倒伏的牛樟树阴暗潮湿面生长的真菌——牛樟芝，使牛樟树木价格倍增，在保健市场上其受重视程度已超越灵芝、冬虫夏草等，被称为"森林中的红宝石"，极具研究和商业价值。

牛樟作为牛樟芝自然条件下的唯一寄主，由于其培植不易，生长速度缓慢，天然牛樟又常遭大量砍伐而导致牛樟市场供不应求。采用当年生半木质化牛樟带叶茎段作为外植体进行组织培养，有利于牛樟工厂化育苗、品种改良和种质资源保护。

牛樟组织培养与快速繁殖包括如下几步：外植体采集与消毒、芽诱导培养、芽增殖培养、壮苗培养、生根培养和炼苗移栽。

## 一、外植体采集与消毒

采摘健康的牛樟半木质化枝条，以带 1 ～ 2 个节点的茎段为外植体。在实验室用洗洁精浸泡 10 min，漂洗干净。在操作台内用 75% 酒精消毒 30 s，无菌水漂洗 1 次，将其放入 10% 次氯酸钠中消毒 4 min，无菌水漂洗 3 次；再用 1.5% $HgCl_2$ 溶液中消毒 4 min，无菌水漂洗 4 次。

## 二、芽诱导培养

将消毒好的茎段切割接种芽至诱导培养基。芽诱导培养基采用 MS + 0.2 mg/L 6-BA + 0.03 ～ 0.05 mg/L NAA + 15% 椰子水 + 20 g/L 糖 + 9 g/L 卡拉胶 + 1.0 g/L 活性炭，pH 5.4 ～ 5.6（下同），较适合诱导牛樟腋芽。培养条件为温度 25 ～ 28℃，相对湿度 60% ～ 80%，光照强度 2 600 ～ 3 300 lx，每天光照时间 16 h。

## 三、芽增殖培养

选取生长一致牛樟腋芽，接种到 MS + 2.0 ～ 3.0 mg/L 6-BA + 1.0 ～ 1.5 mg/L ZT + 20 g/L

糖＋9 g/L卡拉胶培养基上，增殖效果最佳。培养条件为温度25℃，相对湿度60%～80%，光照强度2 200～2 600 lx，每天光照时间为16 h（下同）。

## 四、壮苗培养

选取高度为3.0 cm左右芽苗，接种于MS＋1.0～2.0 mg/L 6-BA＋1.0 mg/L ZT＋20 g/L糖＋9 g/L卡拉胶＋1.0 g/L活性炭培养基上，培养后苗主茎较粗，叶较绿，顶端优势明显。

## 五、生根培养

选取芽高2.0～3.0 cm，带2～4片微嫩叶，且生长一致的芽苗，接种于MS＋0.5 mg/L IBA＋0.5 mg/L NAA＋20 g/L马铃薯＋20 g/L糖＋10 g/L卡拉胶生根培养，生根率高达90%，再生植株根系发达、根系较长（图15-1A）。

## 六、炼苗与移栽

宜在晴天25℃以上进行大棚炼苗，将组培苗放置大棚下10 d，期间拧松组培瓶盖，再揭盖晾3 d炼苗，清水冲洗基部残留培养基，用百菌清800倍液浸泡30 s，晾干。以"椰糠＋红壤"混合基质移栽组培瓶苗，移栽成活率达90%以上（图15-1B）。

图15-1 牛樟组培苗的生根培养

A.生根培养 B.炼苗移栽

（陈彧编写）

# 第16章

# 香蕉组织培养与快速繁殖

香蕉（*Musa nana* Lour）为芭蕉科（Musaceae）芭蕉属（*Musa*）草本单子叶植物。香蕉为著名的热带水果，在所有水果生产中，香蕉（含大蕉）年产量仅次于柑橘。目前共有121个国家和地区种植香蕉，我国香蕉栽培历史已有2 000多年，主产区为台湾、福建、海南、广东、云南、四川和贵州的部分地区。栽培的食用香蕉品种绝大多数都是三倍体（$2n = 33$），多为*Musa* AAA群。三倍体品种一般无籽，生产上一般采用吸芽（由母株地下球茎的侧芽发育并长出地面形成）来进行无性繁殖。传统的吸芽繁殖种苗生长慢、结果时间长，而香蕉组培苗与传统吸芽苗相比，有以下几个主要优点：①繁殖速度快，可规模化生产。应用组培技术进行大规模生产，短期内提供大量生长趋势一致的优质种苗，满足市场需求。这对于加速香蕉良种推广、更新换代十分有利。②种苗整齐，品种性状稳定。目前所用的香蕉组培技术利用少量芽外植体进行无性繁殖，可保证组培种苗优良性状的稳定性与母株的一致性。③可生产脱毒种苗。利用香蕉组培技术可以脱除病毒，生产繁育无病毒植株，提升香蕉的产量和品质。

长期以来，香蕉生产上主要采用吸芽作为外植体进行种苗繁育，并广泛应用于工厂化生产。此外，随着组培技术的发展，也可利用香蕉未成熟雄花作为外植体进行组培快繁。

## 一、香蕉吸芽外植体组培技术

### （一）外植体采集与消毒

香蕉组织培养使用的外植体应来自品种纯正、无病虫害（如香蕉枯萎病、香蕉束顶病、香蕉花叶心腐病等）、无病毒病株，采集外植体的母株应种植在严格隔离的种质资源圃或栽培条件优越的生产园。

一般在晴天采集外植体。选取长势健壮、挂果整齐、产量高的母株作来外植体来源。挖取其刚露出地面的完整吸芽（图16-1A），带回组培实验室后，洗去外表泥土，剥除芽外面的叶鞘及不定根，先用洗衣粉水洗涤（图16-1B），再用自来水冲洗干净，最后用刀将吸芽切割成以生长点为中心、直径3 ~ 4 cm、高4 ~ 5 cm的组织块，然后用自来水冲洗干净。之后用酒精棉球擦拭，在超净工作台上进行表面消毒：75%酒精浸泡1 min，然后层层剥去假茎叶鞘，切割成直径1 ~ 2 cm、约3 cm的组织块；再用3% ~ 5%次氯酸钠或0.1%

升汞，另加2～3滴吐温80消毒20～30 min，并不断摇动处理液，无菌水清洗3次以上（图16-1C）。

### （二）接种与初代培养

将消毒好的组织块，以生长点为中心纵切为2～4块，接种到诱导芽分化培养基。诱导芽分化培养基为MS＋6-BA 4 mg/L＋糖30 g/L＋琼脂6～7 g/L。此培养基满足一般香蕉品种如巴西蕉等芽诱导分化。因为香蕉品种众多，诱导反应存在一定的差异，可根据品种特性在MS＋6-BA 3.5～4.5 mg/L＋NAA 0～0.2 mg/L范围内优化。培养温度为28℃±2℃。开始培养时，可只用自然弱光，待冒出小芽后，采用800～1 000 lx的光照强度。培养35～50 d后，可长出新芽（图16-1D）。

将初代培养诱导产生的芽用聚合酶链式反应技术（PCR）或酶联免疫吸附法（ELISA）进行病毒检测。病毒检测按照《香蕉 组培苗》（NY/T 357—2007）的规定进行，经检测无病毒的芽进行下一步继代增殖培养。

### （三）继代增殖培养

将初代培养产生无病毒的芽从基部切成带2～4个芽的小块，转接到继代培养基中进行继代增殖培养（图16-1E）。培养温度28℃±2℃，光照强度800～1 000 lx。20～30 d继代一次，丛生芽通过不断分割、转接，可获得大量的丛生芽。为了防止变异苗的产生，继代培养次数不应超过10代，时间不应超过12个月。

继代培养基为MS＋6-BA 2～3 mg/L＋NAA 0.01 mg/L＋糖30 g/L＋琼脂6～7 g/L，此培养基满足一般香蕉品种如巴西蕉等继代培养，其他香蕉品可根据品种特性在MS＋6-BA 2～3 mg/L＋NAA 0.05～0.15 mg/L范围内优化。

### （四）生根培养

当芽增殖到特定数量后，根据芽的大小分级，将高于2～2.5 cm的芽转接到生根培养基中进行生根培养（图16-1F）。生根培养基为MS＋NAA 0.05～0.1 mg/L＋活性炭0.5%＋糖30 g/L＋琼脂6～7 g/L。生根培养环境要求光照1 500～3 000 lx，光照时间12 h/d，温度28℃±2℃。

### （五）炼苗与移栽

香蕉组培苗假植所用的苗圃地应选择交通方便、水源充足、排水良好、远离老蕉园、远离香蕉枯萎病疫区，周围无辣椒或茄子等茄科植物、瓜类等葫芦科植物以及豆科植物的地方。选好地后，清除杂草，平整土地，根据地形搭建阴棚。阴棚遮光率达到50%～75%，防虫网40～60目；如需御寒保温，则加盖塑料薄膜。

香蕉组培苗假植所用的基质应根据当地具体情况配制营养土，充分混匀后，平铺1.5 m宽的苗床上或装入育苗容器中。育苗容器选用10 cm×10 cm或10 cm×12 cm且具小孔的塑料育苗杯。假植前1～2 d，消毒处理营养土。在营养土装袋前，苗床上施少量药剂防治地下害虫。

图16-1　香蕉吸芽外植体组织培养与快速繁殖

A.选取优良母株的完整吸芽　B.剥除吸芽外面的叶鞘及不定根后用洗衣粉水洗涤　C.吸芽剥去假茎叶鞘进行表面消毒　D.初代培养产生的芽　E.继代增殖培养　F.生根培养　G、H.炼苗移栽

把生根良好、高3～4cm以上的生根组培苗直接置于无直射阳光且遮光率75%的阴棚下5～7d，幼苗从嫩绿色转变为正常绿色。待叶片转浓绿色后（时间7～10d），开始移栽。移栽时最好先打开塑料袋放置一个晚上，第二天用清水冲洗掉根部的培养基，并根据苗的大小进行分级移栽。

打开瓶盖或撕开袋口，轻轻将组培苗取出，浸泡于洗苗盆中，洗苗时可单株或多株一起搓洗根部，洗净根部培养基，然后放入0.1%～0.3%的代森锌溶液或其他高效低毒杀菌剂溶液中浸泡15s，再按大、中、小进行分级。

假植时，按大、中、小将幼苗分别分畦假植。假植后，淋足定根水，加盖塑料薄膜小拱棚，7d内见干浇水，7d后揭去塑料薄膜，做好保温、保湿工作。待小苗抽出第一片新叶后，可施磷酸二氢钾或氮磷钾（N：P：K＝15：15：15）复合肥，每周2次，浓度为0.1%，待小苗完全变绿后，营养液浓度可加大至0.2%～0.3%。假植后应经常检查植株的生长情况，每10～15d结合施肥喷施杀虫杀菌剂等。图16-1G、H为不同阶段的假植苗。注意要及时通风排气，降低空气湿度，减少真菌病害的发生。同时，要及时剔除形态上的变异株。

## 二、香蕉未成熟雄花外植体组培技术

中国热带农业科学院热带生物技术研究所金志强研究团队提出香蕉未成熟雄花组织培养技术。该技术具有以下4个方面的优势：①繁殖系数高，生产周期短。香蕉花为无限花序，其顶端分生组织具有强大的原基系统，香蕉未成熟雄花组培技术，繁殖系数可以达到25～30的水平。利用香蕉未成熟雄花切片，每株雄花可以切片20～24片，每一个雄花切片经过诱导愈伤组织后能分化成25个芽，繁殖系数高。单个香蕉未成熟雄花通过切片诱导分化一代就可以产生500～720株香蕉苗。因此生产相同数目的组培苗生产周期比芽繁芽方法缩短了3～4个月，生产周期大大缩短。②继代数低。由于繁殖系数高，所以生产相同数量的组培苗，香蕉未成熟雄花组织培养技术只需要继代2～4代，大大降低了组培的继代数，因此有效避免了芽纤弱、生长势不均匀、幼芽变白、严重缺绿、缺乏生机和活力、生长速度减慢、增殖率降低、变异率高等因为继代数高而出现的问题，香蕉未成熟组培苗继代数低，出苗整齐健壮，抗病性强，生长速度快，变异率低，生根快。相对于传统的组培技术有较大的优势。③不带病毒。该组织培养技术采用材料是香蕉未成熟雄花的生长点，是高速生长的部位，且被苞片天然严密包被，在自然条件下不带病毒。④取材更科学、简单，不伤害取材母株的正常生长。与吸芽相比，花序组织具有取材方便、灭菌容易、节省种源等特点，是减少接种初期污染，提离成功率的良好外植体。

### （一）外植体的采集与消毒

选取香蕉断蕾期的新鲜香蕉雄花（图16-2A），采摘后24h内培养香蕉雄花利于提高诱导率。取材后逐步剥除香蕉雄花苞片，直到雄花长度为9～10cm时（图16-2B），用75%酒精表面消毒，之后转入超净工作台，在超净工作台中继续剥除香蕉花苞片，直至雄花长度为2.0～2.5cm；将此部位的雄花纵向切为两半，再横切成厚度为1.2mm的薄片。

图16-2　香蕉未成熟雄花组织培养与植株再生

A.断蕾期的新鲜香蕉雄花　B.剥除香蕉雄花苞片准备进行表面消毒　C.未成熟雄花切片
D.诱导产生的愈伤组织　E.愈伤组织进行芽分化培养　F.生根培养产生完整植株

## （二）愈伤组织诱导培养

将获得的薄片接种于MS ＋ 1.0 mg/L生物素 ＋ 100 mg/L 谷氨酰胺 ＋ 0.2 mg/L TDZ ＋ 0.2 mg/L玉米素（zeatin） ＋ 40 g/L蔗糖 ＋ 5.5 g/L琼脂的固体培养基上，黑暗培养，至产生愈伤组织（图16-2C）。

## （三）愈伤组织分化培养

将获得的愈伤组织接种于MS ＋ 4.0 mg/LBA ＋ 4.5 mg/L NAA ＋ 30 g/L蔗糖 ＋ 5.5 g/L琼脂的固体培养基上。在光照强度为1 500 lx条件下进行培养，至分化产生香蕉小苗（图16-2D）。

## （四）壮苗培养

将分化的小苗转到MS ＋ 6-BA 3.0 mg/L ＋ NAA 0.3 mg/L ＋ 30 g/L蔗糖 ＋ 5.5 g/L琼脂的固体培养基上，光照强度为1 500 ～ 1 700 lx的条件下进行壮苗培养。

## （五）生根培养

经壮苗培养后，将香蕉苗接种于MS ＋ NAA 0.5 mg/L ＋ 30 g/L蔗糖 ＋ 5.5 g/L琼脂的培养基上，光照强度为1 500 lx的条件下进行生根培养，得到生根苗（图16-2F）。

## （六）炼苗与移栽

经2 ～ 3 d的自然光炼苗后，洗净根部培养基，移栽于营养袋中，在大棚育苗2 ～ 3个月，可移栽入大田定植。具体方法同香蕉吸芽外植体组培技术。

（王甲水编写）

# 第17章

# 菠萝组织培养与快速繁殖

菠萝（*Ananas comosus*）是凤梨科（Bromeliaceae）凤梨属（*Ananas*）的单子叶、多年生常绿草本植物。菠萝自花授粉不结种子，繁衍后代靠各类芽体，在生产上一般采集各类芽体通过进一步培养，作为下一茬菠萝的种苗。菠萝上的主要芽体包括果顶上的冠芽、果柄上的裔芽、地上茎叶腋抽生的吸芽、地下茎抽生的块茎芽等。随着生物技术的发展，菠萝种苗的快速繁殖也越来越多采用组织培养的方式。

菠萝组织培养始于20世纪70年代，现已广泛应用于生产。菠萝组织培养育苗的主要目的在于提高繁殖系数，大量而迅速地繁殖优良的无性系，加速新品种推广。一个冠芽苗在一年半经继代培养5～7代，可培育出种苗千万株，供1万～2万亩种植，短期内满足大面积推广的需要，因此，建立菠萝组织培养和快速繁殖体系，是良种大规模繁殖、栽培和利用的有效途径。

菠萝组织培养和快速繁殖主要方法步骤包括初始培养、增殖培养、壮苗和生根培养、试管苗移栽（图17-1）。

## 一、初始培养

供组织培养的材料必须来自优良品种、生长健壮、果大形正的植株，取其顶芽或吸芽，小心剥去叶片，依次用自来水冲洗10 min，75％的酒精浸泡30 s，0.1％的$HgCl_2$溶液浸泡8～10 min，无菌水冲洗3～4次，然后，置于铺有灭菌滤纸的培养皿内吸干表面水分。切取带腋芽的茎段接种于初始培养基（MS＋6-BA 3 mg/L＋蔗糖30 g/L）上，并置于28℃的室内，自然散射光下培养，以诱导腋芽的萌发。菠萝的顶芽或吸芽在初始培养基上培养30 d后，腋芽开始萌发并抽生新芽。但在外植体培养的初期会出现褐化现象，为了防止外植体的褐化，新接材料先暗培养（25℃）3～4 d，然后，再移到自然散射光下培养（图17-1A），这样就能可有效地抑制褐化的产生，提高外植体的成活率。

## 二、增殖培养

切割抽出的腋芽，接种于MS＋6-BA 2 mg/L＋NAA 0.05 mg/L＋蔗糖30 g/L的培养基上培养，以诱导形成丛生芽，培养条件：26～30℃，1 500 lx，每天光照12 h。形成的丛生芽

图17-1 菠萝组织培养和快速繁殖

A.无菌材料接种与初始培养 B.丛生芽增殖 C.壮苗培养 D.生根培养
E.试管苗移栽 F.移栽成活的试管苗

再分割成带2～3个芽的芽丛，接种于相同的培养基上进行继代增殖。在该条件下培养，腋芽30～40 d后可形成丛生芽（图17-1B），增殖系数可达3～5。

## 三、壮苗和生根培养

当芽的继代增殖达到预期数量，小芽高约3 cm时，可将丛生芽分割成单株接种于壮苗培养基（MS + 6-BA 1 mg/L + AD 3 mg/L + 蔗糖30 g/L）上，培养25 ～ 30 d，小苗可长至4 ～ 6 cm高（图17-1C）。此时，可以再将小苗转接到1/2 MS + NAA 0.5 mg/L + 香蕉汁30 g/L + 蔗糖30 g/L的培养基上进行生根培养，15 d后小苗基部开始长出根点，继续培养20 ～ 25 d便可长出完整的根系（图17-1D），生根率可达100%。通过壮苗培养过程得到的组培苗生长整齐、商品性能好、出苗率比较高（95%以上）。培养条件：26 ～ 30℃，1 500 lx，每天光照12 h。

## 四、炼苗与移栽

当袋内的生根苗高6 ～ 8 cm时，可将其移至室温（20 ～ 30℃）下，利用自然光炼苗5 ～ 7 d，再打开瓶盖放置2 ～ 3 d，然后取出小苗，洗去根部的培养基，然后放入多菌灵1 000倍液中浸泡3 min，并按5 cm×10 cm的株行距移栽到苗床上（图17-1E），移栽基质为椰糠：河沙：表土 = 5：3：2。移栽7 d内每天都要喷雾保湿，以促进小苗的成活。15 d后新根长出，30 d后开始抽新叶，移栽成活率可达95%以上（图17-1F）。具体方法如下：

### （一）育苗大棚的建设

新建大棚的选地一般要求交通方便，水源充足，地势高、排水良好、背风向阳（以防台风）。一般每个棚200 m²左右，防风和保温方面效果较好。棚顶安装一层白色的塑料薄膜和一层85%的遮阳网。

### （二）炼苗

炼苗目的在于提高组培苗对外界环境条件的适应性，提高其光合作用的能力，促使组培苗生长健壮，最终达到提高组培苗移栽成活率。炼苗应从温度、湿度、光照等环境因素着手，炼苗前期要注意控制好光照，后期要与大田栽培条件相当，从而达到逐步适应的目的。

炼苗的方法：是将组培瓶苗由培养室转移到相对遮阴的自然条件下，控制好自然光照，使组培苗生长环境逐步与自然环境相似，提高组培苗的光合作用能力和适应能力。

### （三）移栽

1.移栽基质　适合于组培苗栽种的基质要具有良好的透气性、保湿性和一定的肥力，容易消毒灭菌处理，不利于杂菌滋生的特点。一般可选用珍珠岩、硅石、砂子等。为了增加保湿性、黏着力和一定的肥力，可配合草炭土和椰糠作为基质，配合时需按体积比例为6：4搅拌均匀。这些基质在栽种前应用多菌灵1 500倍液或百菌清1 000倍液进行消毒处理。

2.移栽前的准备　组培苗移栽前5 d左右可提前将培养器皿打开，在有一定遮阴的自然条件下放置，让组培苗接受较强的光照，经受较低湿度处理，以适应自然湿度做准备。

### 3.移栽方法

（1）洗苗分级。先把组培苗从培养基袋中取出，后放置在清水盆中将培养基冲洗干净。然后按大中小苗分级放置到塑料框内。方便消毒处理。

（2）消毒浸种处理。把洗净的组培苗放入800～1 000倍液的硫菌灵或多菌灵溶液中浸泡8～10 min。再放入促进生根的溶液如生根粉溶液中浸泡8～10 min。然后把组培苗置于到阴凉的地方，等组培苗稍微干燥后再种植。

（3）种植。把洗净、消毒、晾干水分的组培苗拿到事先准备好的苗床上种植。栽种时应掌握密度。株距以组培苗不相互叶片接触为宜，行距是株距的3～5倍。种植后浇足定根水。

（4）幼苗管理。

①消毒处理。组培苗移栽3～5 d后，用甲基硫菌灵1 000倍液和施保克800倍液喷雾一次，以后每隔7～10 d交替喷雾2～3次。②水肥管理。组培苗移栽后1周至半个月这段时间为关键管理阶段，适时浇水是为了保持空气的相对湿度，同时使基质保持湿润。约半个月后，观察小苗生长趋势，可逐渐降低湿度，减少喷水次数，使小苗适应环境的湿度条件。在组培苗移植后20～30 d，可施用1%左右复合肥，以后每隔7～10 d施用一次。随着组培苗的生长，可适当加入尿素，或在4%以内适当增加施肥浓度。③光照条件要求。组培苗移植后要保持一定的光照条件。在移栽后初期，可在阴棚上加盖遮阳网等，以防阳光灼伤小苗和水分蒸发。当小苗生长较旺盛时，可逐渐加强光照，后期可减少遮阳覆盖，以增加光照，促进光合作用和光合产物的积累，同时增强抗性。④病虫害防治。在组培苗生长过程中，要注意观察及时发现和防治病虫害，及时清除杂草，减少害虫的栖息。⑤假植。组培苗在阴棚内生长2～4月（依四季气候的不同）后，逐渐长大，生长空间较小，抑制了其他小苗的生长，这个阶段幼苗还没有达到大田种植的标准，需要移到新苗床上进行假植。假植的目的是让组培苗更好地适应自然环境，为大田种植做好准备。假植过程中应尽量保证幼苗的完整，同时还要调整株行距，在假植的7～10 d内，适时浇水是保证成活率的关键，等待幼苗根系恢复生长，施适量氮肥一次，加快其恢复生长，在此过程中，需要逐渐加强光照、注意日常管理（浇水、施肥、病虫害防治等）。

（昝丽梅、张家云、吴维军编写）

# 第18章

# 番木瓜组织培养与快速繁殖

番木瓜（*Carica papaya* L.）属于番木瓜科番木瓜属，别名木瓜、万寿果、乳瓜等，与香蕉、菠萝并称"热带三大草本果树"。在我国广东、广西、海南、福建、台湾、云南等地区均有栽种，具有"岭南佳果"之美称，原产于南美巴西，大约于17世纪引种到我国。番木瓜品种颇多，四季常熟，鲜果果皮鲜艳，果肉软滑，清香鲜甜，果实营养丰富，富含人体需要的多种营养元素和维生素，特别是维生素A、维生素C、木瓜蛋白酶、皂苷（番木瓜碱、黄酮类）和有机酸，对人体十分有益。经常食用番木瓜可补充营养，番木瓜比橙子、苹果中的维生素C含量高，特别是维生素A含量比菠萝、苹果高20倍，维生素C含量比菠萝高近4倍，因此番木瓜被世界卫生组织列为最有营养价值的"十大水果"综合营养之首，作为一种营养价值高的保健型水果，有"百益果王"和"水果之王"等美誉。此外，番木瓜在医学业、化工业、食品业、饲料业上都有广泛的应用。番木瓜是有着广阔发展前景的热带特色果树，已成为第四大国际畅销热带、亚热带水果。据联合国粮食及农业组织（Food and Agriculture Organization，FAO）估测，番木瓜在热带水果中产量增幅最大，年增长率达4%，到2010年已达1 240万t，是2003年产量的两倍。2010年全球番木瓜的进口量达到33.6万t，年增长8.3%。据2006年FAO统计，2005年世界番木瓜收获面积为3 892万hm²，产量675.32万t。南美洲产量最高，其次是亚洲、非洲、中北美洲。主要生产国有尼日利亚、印度、巴西、墨西哥、印度尼西亚、美国、中国等。其中，尼日利亚收获面积最大，巴西总产量最高，2005年产量达165万t，占世界总产量的24.43%。世界番木瓜平均单产18 t/hm²，印度尼西亚单产最高达31.5 t/hm²，我国单产为27 t/hm²。从消费能力上看我国具有相当大的发展空间，从产业发展趋势来分析我国还有很高的提升潜力。

我国番木瓜以鲜销、提取番木瓜蛋白酶和加工果汁为主，其中广西是我国最大的番木瓜蛋白酶生产基地。近年来，番木瓜的保健效果使得人们越来越喜爱番木瓜，售价也一路走高，番木瓜场地价平均5元/kg，每亩产量按0.18 t计，收入达9 000元，可连续结果2年6个月。最大的番木瓜集散地广州的年平均批发价在60～90元/箱（5.5～6.0 kg/箱）。番木瓜还被列为香蕉枯萎病产区的香蕉替代产业之一，对防控种植园病害发挥土地最大利用潜力具有重要意义。另外，我国北方很多省市，如北京、天津、山东、河北、宁夏等地，也把它作为新兴果树进行设施栽培。

由于番木瓜株性复杂，在种子实生苗中两性株占65%～70%，雌株占20%～30%，雄株占4%～5%。雌株果实果肉薄（图18-1A），雄株不结果，但对果园中其他两性株及雌株果实品质影响较大，而两性株结的果实虽种子较多，但果肉较厚，品质较高（图18-1B），因此两性株果实最具商业价值，两性瓜市场价格是雌性瓜的2～3倍。鉴于这种情况，在番木瓜实际生产中若以种子实生苗种植，往往在一个坑穴中种植2～3株小苗，待植株开花时保留1株两性株而移除雌株或雄株。这种方法会使生产成本（种苗费、人工费等）大大提升，而培育株性稳定的两性株种苗将大大增加种植户的收益。目前普遍采用的种子实生苗进行种植生产的方法显然无法达到这一目的，况且杂交制种成本很高，并且种子不耐贮藏，易受病虫的侵害，特别是番木瓜环斑病毒病目前尚无有效的药物防治办法，农户只能秋播春植，当年收果后即砍除植株，使番木瓜由多年生变为一年生。这些因素大大限制了番木瓜种子实生苗种植方法利用。常规的无性繁殖技术可在一定程度上解决这些问题，但扦插和嫁接成活率较低，不适合番木瓜的快速繁殖及规模化生产与推广应用。而利用组织培养繁殖技术为大规模生产获得同质、优质、无病种苗提供了一条有效途径，也为番木瓜的产业化、标准化生产打下基础，进而提高我国番木瓜生产的市场竞争力。此外，试管苗还为国际间种质交流提供了方便。

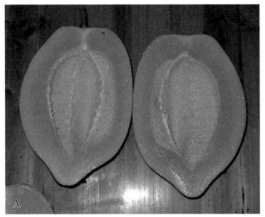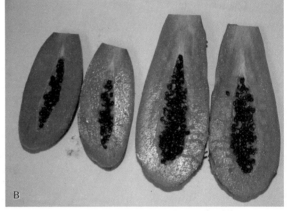

图18-1　番木瓜的雌性株果实与两性株果实

A.雌性株果实　B.两性株果实

国内外学者曾报道分别采用番木瓜的茎尖在MS和White培养基上成功培养获得了试管株系，也成功地利用成龄侧芽建立了快繁体系。中国热带农业科学院周鹏研究团队利用两性株外植体获得2条组培苗培育途经：一是采用课题组提出的番木瓜幼苗性别鉴定技术，对种子实生苗进行性别鉴定，获得两性株后，取其顶芽进行组培苗生产；二是取番木瓜大田优质耐病两性株成龄侧芽，建立了一套适合成龄番木瓜侧芽的无性繁殖技术。这一技术经过多年的优化，建立了较为通用的番木瓜组培苗培育体系，为大规模的番木瓜种苗生产奠定了良好的基础。

番木瓜组织培养的关键技术包括外植体采集与有效消毒方法的建立、接种与初始培养、初始培养物的继代培养、壮苗继代培养、诱导生根培养和大棚苗床移栽等环节（图18-2）。

图18-2　番木瓜组织培养与快速繁殖

A. 组培苗继代扩繁　B. 繁殖芽的壮苗培养　C. 组培生根瓶苗
D. 组培苗木质化根　E. 移栽两性株组培苗　F. 两性株组培苗大田结果

# 一、外植体来源

途经一是取成熟种子若干，45℃温水浸泡2 h，剥取种子黑色外皮，用体积分数3%～5%的次氯酸钠或质量浓度0.1%的升汞表面消毒5～8 min，在无菌MS培养基上培养（1 500～2 000 lx，28℃）7～10 d，待种子萌发后取其子叶，利用中国热带农业科学院周鹏课题组提出的性别鉴定技术进行苗期性别鉴定。当鉴定为两性株后，取其顶芽作为外植体进行继代培养；途经二是取大田优质耐病两性株成龄番木瓜侧芽，即在春秋季节晴天午后切取两性母株地上部分约占整株高度1/3以下区段的侧芽，作为外植体。

## 二、成龄番木瓜侧芽外植体预处理及消毒处理

取成龄番木瓜侧芽外植体，用自来水洗净，用饱和香皂水（比普通洗衣皂碱性弱）浸泡20～30 min；用含有100 mg/L维生素C＋1 mg/L AgNO₃（硝酸银）＋20 mg/L PVP（聚乙烯基吡咯烷酮）＋20～30 mg/L羧苄青霉素处理液，在速度为100～120 r/min摇床上预处理达2 h以上；外植体经预处理后在70%（V/V）酒精中浸泡50 s，除去酒精，无菌水冲洗2～3次，加适量的质量浓度0.15%的升汞，在速度为100～120 r/min摇床上处理5 min。

## 三、外植体初始培养

经消毒的外植体或鉴定为两性株顶芽初始接种于MS＋KT 0.25～0.5 mg/L＋NAA 0.1～0.2 mg/L＋GA₃0.5～1.0 mg/L＋30 g/L蔗糖＋7 g/L琼脂（pH5.7）。培养条件为26～28℃，每天光照培养12 h，光照强度为1 500 lx，连续培养30 d。

## 四、丛生芽的形成和继代增殖培养

外植体经30～40 d初始培养后形成丛生芽，切割后接种于MS＋BA 0.25～0.5 mg/L＋NAA 0.05～0.1 mg/L＋GA₃0.5～1.0 mg/L＋新鲜椰子水50～100 mL/L＋蔗糖30 g/L＋琼脂7 g/L（pH5.7）进行继代增殖培养（图18-2A）。培养条件为26～28℃，每天光照培养16 h，光照强度为2 000 lx，连续培养30～40 d。

## 五、壮苗培养

切割继代增殖芽，接种于MS＋BA 0.05～0.2 mg/L＋KT 0.05～0.3 mg/L＋NAA 0.05～0.1 mg/L＋GA₃0.5～1.0 mg/L＋ADS（腺嘌呤硫酸盐）20～40 mg/L或新鲜椰子水50～100 mL/L＋蔗糖30 g/L＋琼脂7 g/L（pH5.7）。培养条件为26～28℃，每天光照培养16 h，光照强度为2 000 lx，连续培养20～30 d。

## 六、催根培养及直接移栽技术

经壮苗培养后，将芽苗接种于MS或1/2 MS＋KT 0.05～0.2 mg/L＋NAA 0.05～0.1 mg/L＋IBA 0.05～0.3 mg/L＋维生素B₁₂ 10～20 mg/L＋蔗糖20～30 g/L＋琼脂6.5 g/L（pH5.6）＋活性炭1～3 g/L上生根培养。培养条件为26～28℃，每天光照培养12 h，光照强度为1 500 lx，连续培养20～30 d，能诱导木质化根（图18-2C、D）。也可采用体外催根技术进行瓶外生根。体外催根技术具体操作方法为：自来水洗净无根苗，用万分之一ABT生根粉（北京艾比蒂生物科学有限公司产品）制备的水溶液，加适量多菌灵，浸泡小苗根部4～6 h后，直接移至苗床，再用万分之一ABT生根粉制备的水溶液淋水定根，保湿1～2周。

## 七、组培苗移栽

生根苗经3～5d的自然光炼苗后，自来水洗净，先移栽于以沙土为主的移栽基质中（苗床），移苗后2～3周内，每天喷施浓度为0.02%～0.04%（W/V）或200～400 mg/L的IBA。待试管苗生长稳定，有新叶长出后，再将试管苗移栽于含沙土＋椰糠＋菜园土（质量比为1∶1∶1）混合基质的苗袋中。待组培苗在苗床中株高生长至15～20 cm（有2～3片新叶长出），则可移入大田种植（图18-2E）。组培苗定植大田6个月，成龄植株生长整齐，挂果量与母本表型一致（图18-2F）。

## 八、问题与探讨

利用植物组织培养对番木瓜进行离体快速繁殖要注意以下两个问题。

### 1.利用实生苗两性株顶芽或成龄侧芽外植体建立种苗繁殖体系的利弊

由于番木瓜株性复杂，种子组培苗在初始培养的苗期无法保证株性一致，需要对株苗做性别鉴定，待筛选到具有商业化价值的两性株时取外植体进行组培研究，虽然这一技术较易获得无菌材料，并且材料为幼态，更易进行后续的增殖及诱导生根，但以此培育的组培种苗在性状（如果形、品质、产量及抗病性等）上难以预测，这在一定程度上需要其他分子及生化证据的支持，因此除了对性别进行鉴定外，还应对各实生苗的遗传性状进行研究分析，包括果实的品质、抗病、耐寒、矮化、高产等，而这些性状仅在植株生长到成熟阶段才能明确，这就需要在今后的工作中研究获得相关的分子证据及佐证技术方法来证实苗期的相应性状。

成龄侧芽在组培过程中虽然存在外植体消毒难，以及老态化而导致低诱根率和低移栽成活率问题，但其培育的组培苗不仅与母体一样的两性株，而且具有明确的与母体一样的优良性状。这是采用成龄侧芽进行组培种苗研发的最大优势，也是目前利用种子实生苗进行组培苗快繁所无法比拟的。

因此番木瓜组培种苗生产上应优先采用两性成龄侧芽开展种苗生产，而实生两性组培苗则有待于开展幼苗期与品质、产量等相关的分子生物学基础研究。笔者认为两者可以结合一起应用于生产中，即利用实生两性组培苗技术建立多个株系，通过田间比较筛选优良母株作为后期两性成龄侧芽组培苗培养的材料，这样就有可能保证组培种苗在生长速度、遗传稳定、植株质量等方面都能取得较好的效果。针对番木瓜组培苗的快速繁殖，应加强对实生两性组培苗的基础及技术研究，大力推广组培苗的规模化生产，并通过政府、研究机构等渠道加强宣传番木瓜组培种苗的优势，让更多生产商参与进来，加快推进番木瓜产业发展，同时也相信未来番木瓜常规的种子繁殖会逐渐被组织培养所取代。

### 2.番木瓜组培苗扩繁体系的基因型依赖性问题

番木瓜组培苗培育体系明显存在基因型依赖性问题——不同番木瓜品种对培养体系的要求不一样，即对一个品种最优的培养方案并不适合另一个品种。这是番木瓜组培苗培育上存在的明显的技术限制，这不仅增加了组培苗培育技术体系研发的成本，而且增加了其他品种快繁的时间成本。因此建立适合不同番木瓜品种组培苗的通用型培育体系是非常必要的，但其技术难度还是相当大的。作者经过多年的摸索，建议在外植体的"幼龄（态）化"上做好充分的准备工作，即初始培养组织细胞活力越强越有利于后续的继代增殖。实生苗两性株培育途径就充分考虑到了这一要点。在继代增殖过程中采用最少外源激素（如KT、BA、NAA和IBA等）添加量，尽量使用天然添加剂（如新鲜椰子水等）；催根方法尽量使用体外诱根技术，这都有利于降低组培苗的生产成本。

（周鹏、沈文涛、黎小瑛编写）

# 第**19**章

# 文心兰组织培养与快速繁殖

文心兰（*Oncidinm*）又称舞女兰、瘤瓣兰，是兰科文心兰属的总称，该属植物全世界的原生种多达750种。海南文心兰栽培品种多为切花类，以*Onc*. Gower Ramsey（俗称"南茜"）系统为主，这是目前全世界主要的切花品种，为*Onc*. Goldiana × *Onc*. Guiena Gold的交配后代，该花花色鲜黄，作为高档切花，深受消费者的喜欢。

文心兰常规繁殖方式以分株繁殖为主，但这种方式繁殖系数低、繁殖速度慢，不利于文心兰种苗的大规模生产，而利用植物组织培养技术进行无性快繁殖，则可以利用少量外植体作为起始材料，在短期内进行规模化生产，且种苗整齐一致、遗传稳定性好，同时能根据市场需要，实现有计划、定时、定量生产。

文心兰组织培养的规模化生产可分为外植体的采取、外植体的消毒、圆球茎的诱导、圆球茎的分化及壮苗培养、小苗的生根培养、炼苗移栽几个阶段。因此，文心兰组织培养规模化生产流程为：种源选取→外植体的采取→外植体的消毒→圆球茎的诱导与增殖→壮苗→生根成苗→炼苗移栽。组培阶段见图19-1，炼苗移栽阶段见图19-2。

## 一、外植体采集

文心兰组织培养的外植体材料主要是侧芽与花芽。侧芽的采集在3～5月比较合适，花芽采集的时间主要是4～6月和10～12月。该阶段是海南文心兰侧芽和花芽生长比较集中的时期。采集的侧芽要选自健康优良母株的，选取侧芽的标准为：长7～8 cm，叶鞘未张开，侧芽健壮无病虫害。这样的侧芽消毒后成活率会比较高。花梗也可作为外植体进行培养。对于花梗，一般是在花梗长至20～30 cm，花苞还没有形成时采集。采芽时，将消毒后的手术刀将侧芽从基部切下，在母株切的伤口上涂上杀菌药，防止病菌感染母株。一般采用的代森锰锌涂抹伤口和75%的酒精消毒手术刀。在采集花梗时，要将花梗留3～4 cm，以防止伤口感染病菌从而影响到母株的正常的生长，同时伤口也要用代森锰锌涂抹。采后应尽量减少外植体在大气环境中的存放时间，用报纸包上，以提高消毒的成活率。

## 二、外植体表面消毒

文心兰的侧芽的消毒要比花梗困难，主要是因为侧芽叶鞘较多，较难消毒彻底。一般可以在酒精和升汞消毒前进行预处理。预处理方法是：先用超声波振荡器处理5~10 min。预处理时间的长短可以依据叶鞘的张开的程度，叶鞘张开的较多则要预处理的时间长。预处理后，将侧芽或花芽的叶鞘除去（图19-1A），放入75%酒精中消毒30 s，用无菌水清洗3遍，然后放入0.1%升汞溶液中消毒5~8 min，无菌水清洗3~5遍，然后用无菌过滤纸吸干外植体表面的水分。文心兰的花梗消毒前要将其以节为单位，分成若干小段，每一段节的上部长度为0.5~1 cm，下部长1~1.5 cm（图19-1B）；消毒方法同上，但升汞消毒时要加入3~5滴吐温。

## 三、圆球茎诱导与增殖培养

将消毒好的外植体接种在配制好的圆球茎诱导培养基中。圆球茎诱导培养基为：1/2 MS + 3.0 mg/L 6-BA + 0.2 mg/L NAA + 3%蔗糖，附加物10%椰子水。培养30 d后，观察到有小芽长出时，将其转入1/2 MS + 2.0 mg/L 6-BA + 0.2 mg/L NAA + 2%蔗糖，附加物为10%椰乳和3%香蕉泥的培养基中，50 d后会发现在小芽的底部长出圆球茎（图19-1C）。这样再将其小芽的顶端除去，与圆球茎一起转入1/2 MS + 2.0 mg/L 6-BA + 0.2 mg/L NAA + 2%蔗糖，附加物为10%椰乳和3%香蕉泥的液体培养基。放在摇床上进行震荡培养（图19-1D），1个月后停止震荡培养。这时圆球茎膨大，转入1/2 MS + 2.0 mg/L 6-BA + 0.2 mg/L NAA + 2%蔗糖，附加物为10%椰子水和3%香蕉泥的固体培养基，50 d后将有大量的圆球茎长出。

## 四、圆球茎分化与壮苗培养

将培养出的圆球茎转入1/2 MS + 2%蔗糖、附加物为3%香蕉泥的壮苗培养基。圆球茎以块为单位，每块圆球茎的大小为0.5 cm×0.5 cm大小。圆球茎会在50 d后分化为丛生小苗（图19-1E）。

## 五、小苗的生根培养

将壮苗培养基中的小苗按大小分等级，4 cm以上为一个等级，接种在1/2 MS + 1.0 mg/L IBA + 0.1 mg/L NAA + 2%蔗糖、附加物为3%的香蕉泥的生根固体培养基中（图19-1F）；小苗大小2~4 cm为一个等级，2 cm到圆球茎为另一个等级，这后两个等级的苗分别接种在壮苗培养基中培养。苗株的分级接种是为了便于生产管理和光温控制。两个月后，生根阶段的苗会长3~4条根，长度为3 cm，此时要将苗转入育苗棚驯化炼苗。

## 六、各培养阶段的光照、温度控制

诱导、增殖阶段，将新消毒的外植体或是转接的组培苗暗培养7 d，7 d后将光照强度调整到1 000 lx，温度为25~26℃；分化、壮苗培养阶段，将新转接的组培苗暗培养7 d，然后将其光照强度逐步调整到1 500 lx，温度为27~28℃；生根阶段，将新转接的组培苗暗

图19-1　利用组培快繁技术大规模生产文心兰种苗

A.文心兰侧芽外植体　B.文心兰花梗外植体　C.文心兰圆球茎诱导培养

D.文心兰圆球茎增殖培养　E.文心兰组培瓶苗壮苗培养　F.文心兰组培袋苗生根培养

培养7 d，然后将光照强度逐步调整到2 000 lx，温度为28 ~ 29℃。1个月后会发现生根阶段的组培苗有新根长出，待新根长到2 cm时，将光照强度调整到2 500 lx。驯化炼苗阶段的光照强度要加以控制，做到逐步提高：第一、二周光照强度要控制在2 500 ~ 3 000 lx，待到植株叶片颜色变深，且有新根和新叶长出时，光照强度可以逐步加到4 000 ~ 5 000 lx，所有驯化阶段的温度要控制在30℃以内，以免强光和高温的胁迫作用下植株出现新叶脱水和底叶变黄。经20 d左右的驯化炼苗，可以将组培苗进行育苗种植。

## 七、炼苗移栽

文心兰组培苗的育苗生产的过程包括选择优质的文心兰组培苗、驯化炼苗、种植于1.5寸①的营养杯、植后管理等几个阶段。经过5 ~ 6个月养护后可生长为中苗。以后中苗的养护和大苗开花株的养护可按照文心兰的一般管理常规进行。

### （一）栽培设施与基质选择

文心兰为热带气生兰，最适生长温度为20 ~ 30℃，5℃以下35℃以上即停止生长，3℃容易产生寒害。特别是文心兰小苗，对环境温度的要求更高，最佳的生长温度为25 ~ 30℃。因此，文心兰小苗的培育要选择可控温度和光照强度的温室，温室要配备好遮阳、降温、加温等有关设施。

文心兰育苗的栽培种植苗床分为固定式苗床和移动式苗床，固定式苗床造价低，但是空间利用率只有65% ~ 70%；移动式苗床造价高一些，但空间的利用率可以达到85%。苗床的主要作用是减少苗株的病虫害感染、提高植株的存活率和品质，同时也便于管理、提高生产效率等。在苗床的设计上有如下参考指标：①高度。苗床高度在75 cm，这样在启动水帘和风机时能有效降低室内的温度，使得苗株的根部得到充分的通风和降温，利于根的呼吸作用和营养物质的吸收。另外，这样的高度非常便于管理人员在日常的养护管理过程中的打肥、浇水、打药、巡园等工作。②宽度。苗床宽度为173 ~ 175 cm。每一个文心兰育苗的托盘长度为43 cm，一排放4个托盘，既能有效地利用空间，又便于日常养护。③长度。苗床长度根据温室的长度决定。一个苗床架最好不要超过20 m，若超过20 m，则苗床会受力不均，容易出现侧翻现象。

降温系统采用如下3种：①通风风扇。促进空气流通，在夏季温室温度较高时，可以起到通风、降温、排湿的作用，与水冷墙结合使用，降温效果会更好。②内、外遮阳网。外遮阴网的遮光率为50%，内遮阴网的遮光率为70%。外遮阴网的作用主要是降低光照强度和温度；内遮阴网的作用主要是降低光照强度。③风机-水帘降温系统。由水帘、水循环系统、强力通风风机和控制系统4部分组成。作用原理是利用水的高比热容，通过蒸发吸收空气的热量，并由风机抽风、水帘水循环流动以达到均匀降温的目的。水循环系统的特点是确保水均匀地流过整个水帘，当空气穿透水帘介质时，与水帘介质面的水汽进行热交换，从而实现对空气的加湿和降温效果。

文心兰组培苗培育在冬季应防止低温寒害，可采取的防护措施包括：①保温。在温室

---

① 寸为非法定计量单位，1寸≈0.033m。——编者注

中内遮阳网的下方增加一层保温膜。冬季太阳下山之前，温度开始下降的时候，可以将内外遮阳网收起，并铺开内保温膜，以减少夜间热量散失。或是在温室外加铺草帘、棉被等，确保冬季温室内温度不低于5℃。②加温供热措施。温室采用柴油或燃煤加温机供热系统加温。③提高水温。冬季一般水温在5～10℃。如果采用这种冷水浇花，会使得栽培基质及文心兰根部温度迅速下降，造成烂根，使植物生长不良。用电加热器将水温加至20～22℃（与生长环境接近），这样的温水浇花有利于促进文心兰健康、旺盛地生长。

文心兰育苗定植小苗时，可以选用1.5寸透明营养杯、口径为4 cm的黑色营养杯或直接定植在50孔穴盘内。目前较为通行的是，把苗定植在1.5寸透明营养杯里，然后再摆放在50孔穴盘内，这样有利于日后的管理和运输。

文心兰育苗一般选用的基质有：水苔、椰糠+珍珠岩、碎松树皮等。水苔是文心兰育苗最常用基质，水苔的特性是保水保肥性和透气性好，介质轻且洁净卫生，便于运输。作为种植基质的水苔，一般是厂家经过高温消毒杀菌后的。水苔根据其产地可以分为：新西兰水苔、智利水苔、国产水苔。其中智利水苔和国产水苔根据其品质分为不同的等级。判断水苔的好坏可根据长度、韧性、保水性、杂质含量、电导率、酸碱度等指标进行。文心兰育苗也可以采用椰糠+珍珠岩、碎松树皮作为基质。这两种基质的透水性较强，可以减少在文心兰育苗过程中因浇水过量引起的烂根。

### （二）炼苗移栽技术

在规模化生产中，种苗一般都是采用组织培养技术无性繁殖产生的组培苗，这样的植株比分株法繁育的种苗规格一致，便于植后的肥水管理。

1.炼苗　文心兰组培苗在种植之前要经过驯化炼苗，目的是让组培苗适应外部环境，提高其移栽的存活率。驯化炼苗的方法：组培生根苗定植在培养容器3个月后，植株会长到12～14 cm，有3～4条5～6 cm长的根。组培苗达到这样的标准就可以驯化炼苗了。将待驯化炼苗的植株移到温室大棚中，第一周将光照强度控制在2 000～3 000 lx，温度控制在28℃。第二周将光照强度提高到3 000～4 000 lx，温度提高到30℃。之后将光照强度渐渐提高到7 000 lx。在驯化炼苗的过程中，尽可能降低空气中的湿度，防治植株在培养容器中的污染。半个月的驯化，苗株根数明显增多，叶片变宽、变厚。有新叶长出时，便可以打开容器移栽种植了。

2.移栽

（1）取苗和洗苗。移栽时首先需要取苗和洗苗。培养容器有聚乙烯材料的塑料袋和玻璃瓶两类，文心兰组培袋苗（图19-2A）和组培瓶苗（图19-2B）的取苗和洗苗方法有所不同。

①文心兰组培袋苗洗苗方法。洗苗按如下步骤进行：a.左手托住袋底，右手拿剪刀，将袋口侧边戳一个洞。b.用手将袋子撕开，右手握住苗的颈部将苗株整个提出，在准备好的清水中抖除培养基。c.淘汰没有根的苗株，再依苗株的高度分等级：10 cm以上为一级；8～10 cm为二级；8 cm以下为三级。d.将分级好的苗株分别放入消毒药水中浸泡5～10 min，浸泡的时间根据组培苗污染情况决定。原则是：健康苗可以时间少，污染苗时间长一些。消毒药水一般用多菌灵1 000倍液。

②文心兰组培瓶苗洗苗方法。文心兰组培瓶取苗步骤如下：a.双手夹住瓶身，用两只手

的大拇指对称推瓶塞，瓶塞松后取出瓶塞。b.左手托住瓶底，让瓶身倾斜45°，右手拿镊子。用镊子夹住苗的茎与根部的结合处，轻轻取出1～2株。c.搅碎培养基，将剩余的小苗一株一株取出。其余步骤同上。

（2）晾苗。将消毒好的组培苗从消毒试剂溶液中取出，取出的时候要轻拿轻放，装入小的塑料漏框中。先将经过消毒的遮阳网铺到苗床上，然后将沥干水后的苗轻轻地把平铺在其上，晾干苗株上附着的水分（图19-2C）。

（3）对移栽基质水苔进行泡水和脱水。

①浸泡。将水苔拆封，放在容器内（一般用塑料大桶，可以根据需求量而选择不同的浸泡容器），加满水。浸泡1 h后，水苔几乎全部浸透，再继续加水，使得容器中的水缓缓流出。或浸泡1 h后放掉容器中的水，再加满水继续浸泡1 h。这样以达到除酸、除盐、除杂质的目的。若是条件允许，可用60℃的水浸泡水苔，这样还能达到杀死虫卵和草籽的目的。水苔浸泡的时间和次数视水苔的质量而定，质量差的要适当增加次数和时间。

图19-2　文心兰组培苗炼苗和移栽

A.文心兰组培袋苗　B.文心兰组培瓶苗　C.在苗床上晾苗　D.在温室定植后的文心兰组培苗

②脱水。将浸泡好的水苔捞起来，用脱水机或人工拧干的方法去除多余水分，然后放在进行种苗操作的苗床上，抖撒水苔，捡出杂质。脱水的程度可这样把握：用手捏时感觉水苔湿润，但又没有水珠滴下。

（3）定植。定植时，左手拿住苗的颈部，右手拿一小团水苔将小苗全部的根部撑起，再用水苔均匀的包住小苗的根，松紧要适中。过松或过紧都不利于小苗的生长。包好后放入1.5寸营养杯内，用两个大拇指的指腹把水苔压至营养杯最下一条刻度线，并把水苔表面压平。把种好的苗摆放到50孔穴盘内。种苗时水苔的松紧要一致，以免造成日后水分干湿不均。之后把放了苗的穴盘前后左右对齐地摆放在苗床上（图19-2D）。

（三）植后管理技术

文心兰植后管理技术主要指对肥水、光照、温度、湿度等的控制技术。

光照调控方法如下：定植后第一周光照控制在7 000 ~ 9 000 lx，1周后小苗的逐步恢复生长，将光照强度逐步增加至9 000 ~ 12 000 lx，1个月后光照强度增加至12 000 ~ 15 000 lx。光照可以通过调节温室的内遮阳网和外遮阳网来调控。

新定植的文心兰组培苗对水分的要求比较严格。大棚内空气湿度应控制在60% ~ 80%，并经常给小苗叶面喷水。由于文心兰根属于气生肉质根，栽培基质水分过多，容易导致透气不良甚至是烂根死亡，因此新定植的小苗不宜浇淋。早上大棚内空气湿度较大，可以通过抽风机抽走部分水汽，降低空气湿度；中午至下午空气湿度有所下降，可以通过喷雾增湿，使之达到标准要求。

由于新定植的文心兰小苗生理状况尚未完全恢复，故不宜马上施肥。初次施肥一般用在定植后10 d左右，喷施叶面肥，叶面肥以磷肥为主。小苗的新根萌动后，文心兰会逐步恢复成长，对氮、磷、钾的吸收也发生了变化，改用氮、磷、钾比例为20：20：20的叶面肥或者直接浇淋。

文心兰喜欢温暖湿润的环境，在夜温15 ~ 25℃、日温25 ~ 30℃的环境条件下生长良好。文心兰育苗过程中，可以通过合理使用温室内的设施，把温度控制在有利于文心兰生长的温度范围内。

（谢光明、李秀梅、刘进平编写）

# 第20章

# 铁皮石斛组织培养与快速繁殖

铁皮石斛（*Dendrobium officinale* Kimura et Migo）被誉为"中华九大仙草"之首，俗称铁皮枫斗，为兰科石斛属植物，多年生附生草本植物，生于树干上或岩石间。铁皮石斛属于国家二级保护药用植物，具有益胃、润肺、消除肿瘤、抑制癌症等极高的药用价值和经济价值。

自然状态下，铁皮石斛生长缓慢，繁殖能力低，自然更新能力差。再加上虫鸟喜食和人们无节制的采挖等原因，铁皮石斛野生品种已少之又少。为了保存野生铁皮石斛种质资源、满足市场的需求，最简单易行的方法是通过组织培养技术对铁皮石斛快速繁殖，以扩大铁皮石斛的人工栽培。

铁皮石斛外植体材料常选用成熟种子与幼嫩茎段。不论是使用种子还是茎段，都经原球茎增殖来进行扩大繁殖。其中，以茎段为外植体诱导时间短、操作过程简单，能较好地保持母本的生物学性状和经济价值。从生产角度来看，以茎段建立的快繁体系成苗期短，短期继代增殖可产生的大量苗芽，并经生根培养获得完整植株；而以种子作外植体的快繁技术，可以在一段时间之内获得大量的成苗。另据戴小英等（2011）的研究，以种子为外植体的繁育途径为种子胚→愈伤组织→原球茎→壮苗→完整植株，增殖周期一般在40～50 d，增殖系数大，但苗木细小，叶狭长，还要有一个壮苗过程；以茎段为外植体的繁育途径为茎段→丛生芽→完整植株，过程相对简单，虽然平均增殖系数小，但增殖周期短，只需30 d，叶浓绿，苗木生长健壮，不需经过壮苗可以直接用于生根。总体而言，茎段比种子诱导时间短、发生过程简单，茎段外植体在繁殖效率方面优于种子。茎段接入培养基中30 d后能生成健壮完整的芽体，不需要经历种子外植体的原球茎诱导阶段。此外，由茎段建立的繁育体系比由种子胚建立的繁育体系生根效果更好，苗木移栽成活率更高，能够较好地保持母本的生物学性状和经济性状。

铁皮石斛组织培养与快速繁殖包括外植体采集与消毒、原球茎诱导、原球茎增殖与丛生芽诱导、壮苗培养、生根培养、炼苗和移栽等6个步骤（图20-1）。

## 一、外植体采集与消毒

采集健康的铁皮石斛嫩芽为外植体。用流水冲洗干净，再用洗洁精清洗1 min，漂洗干净，在超净工作台中用0.1%升汞消毒20～25 min，无菌水冲洗3～4次，于工作台上切割后接种于诱导培养基。

图20-1　铁皮石斛组织培养与快速繁殖

A.原球茎诱导　B.原球茎增殖培养　C.壮苗培养

D.生根培养　E.晾苗炼苗　F.组培苗移栽到育苗盘中

## 二、原球茎诱导

将消毒好的茎段切割接种于外植体萌芽诱导培养基（MS + 1.0 mg/L 6-BA + 0.5 mg/L NAA + 15%椰子水 + 20 g/L糖 + 9 g/L卡拉胶 + 1.0 g/L活性炭）上，诱导原球茎（图20-1A）。培养条件为温度25℃，相对湿度60%～80%，光照强度1 600～2 200 lx，日光照时间16 h，pH 5.40～5.50（培养条件下同）。

## 三、原球茎增殖培养及丛生芽诱导

将获得的深绿色原球茎分别接种于增殖培养基（MS + 2.0 mg/L 6-BA + 0.5 mg/L NAA + 15%椰子水 + 20 g/L糖 + 9 g/L卡拉胶 + 1.0 g/L活性炭）上进行原球茎增殖培养(图20-1B)。

## 四、壮苗培养

选取长势健壮、株高2 cm以上的无菌幼苗进行壮苗培养。以MS + 20 g/L糖 + 8 g/L卡拉胶 + 30 g/L香蕉汁 + 15 g/L马铃薯泥 + 2.5 mg/L NAA + 3.0 mg/L IBA培养基对铁皮石斛的壮苗效果最佳。培养后植株高5.0 cm以上，茎粗4.0 mm以上，无原球茎增殖（图20-1C）。

## 五、生根培养

选取长势健壮，株高为3 cm左右的无菌苗，以MS + 1.0 mg/L NAA + 20 g/L糖 + 8.0 g/L卡拉胶 + 0.3 g/L活性炭（AC）为培养基进行生根培养。将MS培养基中的$NH_4NO_3$替换为$(NH_4)_2SO_4$，使$NH_4^+$：$NO_3^-$ = 12：18.8，铁皮石斛组培苗生根率最高，平均分蘖数最少，根系也很发达（图20-1D）。

## 六、炼苗与移栽

### （一）炼苗

铁皮石斛选择在春、冬季进行炼苗移栽，将铁皮石斛瓶苗移至遮阳、遮雨荫棚内的离地苗床上密集摆放，打开培养瓶瓶盖，上覆70%遮阳网，培养20 d后，把培养瓶重新整理摆放，按2 cm的行距整齐排放10 d左右，当瓶中铁皮石斛生根苗叶子由浅绿色转为绿色时，再揭盖晾2 d炼苗，然后取出用清水冲洗基部残留培养基，用百菌清800倍液浸泡30 s，整齐地排列在离地苗床上，过夜晾干，待翌日移栽（图20-1E）。

### （二）移栽基质处理

以水草为铁皮石斛栽培基质最佳，水草用清水冲洗，挤去水分，晾干，备用。

（三）移栽

晾好的铁皮石斛组培苗用水草包裹根部，植于70孔的育苗盘中，水草以塞满育苗孔为宜（图20-1F）。

（四）水肥管理

①移栽初期水分多易导致烂苗，水分少则易使苗叶黄。遵循以地面浇水为主，喷雾为辅的原则，每天浇地面水4次，叶面喷雾2～3次，使空气湿度达到70%～80%。

②栽植10 d后，逐步加大喷水量，每隔3～5 d浇1次透水。之后隔10 d用多菌灵800倍液或百菌清1 000倍液喷施。在栽植15 d后，每7 d喷"花多多"氮磷钾肥（20：20：20）的1 500倍液1次。

（陈彧编写）

# 第21章
# 柱花草组织培养与快速繁殖

柱花草（*Stylosanthes* spp.），又名巴西苜蓿、热带苜蓿，为豆科（Leguminosae）多年生草本植物。其茎上多毛，叶羽状三出，穗状花序，花黄色，荚果卵圆形，种子黄棕色或黑色。柱花草原产于中南美洲及加勒比海地区，很早在澳大利亚、印度尼西亚、马来西亚、菲律宾以及非洲和南美洲国家种植并利用。我国于1962年首次从马来西亚引种柱花草到海南。柱花草营养价值丰富，盛花期时期植株干物质中粗蛋白质含量高达20%，是优质的热带豆科牧草，在我国已被推广种植到广西、云南、贵州、福建及四川的攀枝花干热河谷地区。柱花草高产、优质，喜高温多雨的气候，具有耐旱、耐酸、耐贫瘠的特点，在改良天然草地和作为果园、橡胶园的绿肥覆盖作物，提高土壤肥力等方面具有重要作用。但柱花草不耐寒、易感染炭疽病，是其推广种植的主要障碍，因此国内外在柱花草的种质资源收集及新品种选育等方面进行了大量工作。随着农业生物技术的发展，通过基因工程培育优质品种具有广阔前景，而这一技术的关键就是植物组织培养，因此柱花草植物组织培养与快速繁殖体系的建立与完善，是加速柱花草新种选育及推广利用的重要途径。

柱花草种质为热研2号（*Stylosanthes guianensis* cv. Reyan2）为例，柱花草植物组织培养与快速繁殖一般可分为5个步骤：①无菌培养的建立；②初代培养；③继代培养和快速增殖；④诱导生根；⑤炼苗移栽（图21-1）。

## 一、无菌苗获得

取柱花草饱满的种子为材料，磨去种皮，80℃水浴3 min。在超净工作台中，先用70%酒精处理3 min，期间不断搅动，无菌水漂洗3次，再用10%次氯酸钠溶液处理5 min，期间不断搅动，无菌水漂洗5次，漂洗结束后尽量去除无菌水。将消毒好的种子接种到无菌萌发培养基，先室温暗培养约3 d，待种子萌发长成高约1 cm幼苗后（图21-1A），转为光培养。光培养约7 d，无菌苗子叶完全展开（图21-1B）。无菌萌发培养基为MS + 30 g/L 蔗糖 + 7.5 g/L琼脂粉。培养基的pH均为6.0，各阶段培养条件为28℃±1℃，光照时间为12 h/d，光照强度为2 000 lx（下同）。

## 二、愈伤组织诱导

在超净台中切取无菌苗的子叶、胚轴或子叶节作为外植体，将子叶切成2 mm×2 mm大小，将胚轴切成5 mm左右长度的小段，轻轻在子叶与胚轴表面划出伤口，然后接种于愈伤组织诱导培养基上（图21-1C），培养约14 d即可获得大量愈伤组织（图21-1D）。愈伤诱导培养基为MS＋2.0 mg/L 6-BA+0.5 mg/L NAA+3% 蔗糖＋7.5 g/L琼脂粉 。

图21-1　柱花草组织培养与快速繁殖过程

A.柱花草种子在暗培养条件下萌发产生的实生苗　B.光培养约7 d后的无菌实生苗　C.子叶与胚轴外植体接种于愈伤组织诱导培养基上　D.子叶与胚轴诱导培养约14 d后获得的愈伤组织　E.愈伤组织产生的丛生芽　F.壮苗培养　G.生根培养　H.在霍格兰氏培养液中培养的生根苗　I.移栽苗

## 三、丛生芽诱导与壮苗培养

在超净台中将愈伤组织转移至芽诱导培养基上，20 d继代一次，愈伤组织表面慢慢出现芽点并逐渐长成丛生芽(图21-1E)。把分化出芽的愈伤组织分切，成簇的芽转移至壮芽培养基上，20 d继代一次，丛生芽会逐渐伸长生长，形成无根小苗(图21-1F)。芽诱导培养基为MS + 2.0 mg/L 6-BA+3%蔗糖 + 7.5 g/L琼脂粉；壮芽培养基为MS + 0.4 mg/L 6-BA+0.1 mg/L NAA+3%蔗糖 + 7.0 g/L琼脂粉。

## 四、生根培养

无根小苗长至约5 cm高，第一节可见时，将其从与愈伤组织相连的基部切下，移入生根培养基中，底部插入生根培养基0.5 ~ 1 cm即可。培养约15 d后，小苗基部长出完整根系(图21-1G)。生根培养基为1/2 MS + 0.5 mg/L IAA + 0.5 mg/L IBA+2%蔗糖 + 7.0 g/L琼脂粉。

## 五、炼苗与移栽

用镊子将再生苗从培养瓶中轻轻取出，漂洗干净，完全去除固体培养基，吸干根部表面水分，转入含霍格兰氏培养液（配方见附录）的培养瓶，于28℃光培养箱中弱光培养(图21-1H)。15 d后长出新根，将苗取出，略微清洗根部，吸干多余水分，移栽到以营养土、蛭石比例为1∶1混匀的基质中。淋透水，先于28℃光培养箱中弱光培养7 d，再移至室外培养（图21-1I)。移栽成活率可达95%以上。

（罗丽娟、雷健编写）

# 主要参考文献

白昌军,刘国道,王东劲,等,2004.高产抗病圭亚那柱花草综合性状评价[J].热带作物学报,25(2):87-943.

曹孜义,刘国民,1996.实用植物组织培养技术教程[M].兰州:甘肃科学技术出版社.

陈春宝,黎小瑛,周鹏,2006.番木瓜抗病育种及其组培苗生产概述[J].热带农业科学,26(6):47-52.

陈培,陈显臻,邢文婷,等,2017.广南铁皮石斛组培苗在海南移栽技术研究[J].热带林业,45(2):4-5.

陈廷速,张军,夏宁邵,等,2003.香蕉横切薄层切片芽分化的培养技术[J].热带作物学报,24(4):10-13.

陈引芝,苏树权,2010.甘蔗良种繁育与推广//李杨瑞.现代甘蔗学.北京:中国农业出版社.

陈正华,1986.木本植物组织培养及其应用[M].北京:高等教育出版社.

钏秀娟,2014.柱花草再生体系的优化及 *Bar* 基因遗传转化的初步研究[D].海口:海南大学.

钏秀娟,陈彩虹,罗丽娟,2015.热研5号柱花草高频、优质愈伤组织的诱导[J].草业科学,32(1):78-84.

戴雪梅,黄天带,孙爱花,等,2012.植物原生质体融合研究进展及其在育种中的应用[J].热带作物学报,33(8):1516-1521.

邓立国,韦绍龙,林贵美,等,2010.澳大利亚香蕉品种Williams球茎再生体系研究[J].广西农业科学,41(11):1161-1164.

高建明,张世清,陈河龙,等,2011.剑麻抗病育种研究回顾与展望[J].热带作物学报,32(10):1977-1981.

耿梦婷,2017. *MeFtsZ1* 基因调节木薯淀粉体分裂研究[D].海口:海南大学.

官锦燕,谭嘉娜,罗剑飘,等,2016.牛樟的组织培养和植株再生[J].南京林业学报(自然科学版),40(4):63-68.

郭鹏飞,雷健,罗佳佳,等,2019.柱花草苯丙氨酸解氨酶(SgPALs)对生物胁迫与非生物胁迫的响应[J].热带作物学报,40(9):1742-1751.

何为中,范业赓,刘丽敏,等,2018.甘蔗试管苗光合自养生根技术研究[J].广西植物,38(10):1298-1309.

何业华,罗吉,吴会桃,等,2007.菠萝叶基愈伤组织诱导体细胞胚[J].果树学报,24(1):59-63.

洪森荣,方美玲,2011.6-BA和2,4-D对铁皮石斛原球茎增殖、分化和离体保存的影响[J].亚热带植物科学,40(3):44-46.

黄昌艳,李魁鹏,杨美纯,等,2011.不同培养基对铁皮石斛组培快繁的影响[J].南方农业学报,42(4):349-352.

黄霞,黄学林,王鸿鹤,等,2001.果用香蕉薄片外植体植株再生的研究[J].园艺学报,28(1):19-24.

黄学林,李莜菊,1995.高等植物组织离休培养的形态建成及其调控[M].北京:科学出版社.

蒋昌顺,1995.我国对柱花草属不同种的研究与利用[J].热带作物研究,3:64-70.

蒋晶,窦美安,孙伟生,2010.菠萝花药愈伤组织诱导及褐变影响因素[J].中国农学通报,26(11):366-369.

揭进,胡乃盛,李强有,等,2012.剑麻组培苗标准化繁育技术与种植推广[J].中国热带农业,2:60-63.

黎小瑛,谢旭智,沈文涛,等,2019.番木瓜实生苗两性株的鉴定及其组培繁殖体系的建立[J].热带作物学报,40(9):1763-1769.

李凤,任永清,2002.麻竹丰产栽培技术及开发利用前景[J].福建水土保持,14(4):22-24.

李开绵,黄贵修,2008.木薯主要病虫害[M].北京:中国农业科学技术出版社.

李开绵,林雄,黄洁,2001.国内外木薯发展概况[J].热带农业科学,89(l):56-60.

李璐,赖钟雄,翁浩,2011.春石斛和铁皮石斛试管苗壮苗生根条件的优化[J].福建农林大学学报(自然科学版),40(1):31-36.

李瑞梅,2010.耐寒相关基因转化华南木薯品种研究[D].海口:海南大学.

李卫东,王冬梅,黎小瑛,等,2006.用细胞学方法研究番木瓜组培苗的遗传稳定性[J].云南植物研究,28(6):645-648.

李秀梅,谢光明,刘进平,2012.文心兰组培苗移栽练苗及培育管理技术[J].中国热带农业,45(2):64-66.

李亚丽,沈文涛,言普,等,2009.番木瓜性别决定的研究进展[J].广西农业科学,40(2):198-202.

李愿平,文尚华,揭进,等,2005.H.11648麻珠芽组织培养技术研究.中国麻业(4):184-189.

林红,2011.大薯组织培养再生体系建立研究[D].海口:海南大学.

刘国道,2000.海南饲用植物志[M].北京:中国农业大学出版社.

刘海清,李光辉,黄媛媛,等,2012.世界菠萝生产及贸易状况分析[J].世界农业,6:47-52.

刘进平,2005.植物细胞工程简明教程[M].北京:中国农业出版社.

刘进平,莫饶,2006.热带植物组织培养[M].北京:科学出版社.

刘巧莲,朱军,高建明,等,2014.外植体和培养因子对剑麻不定芽诱导及植株再生的影响[J].热带农业科学,34(4):42-45.

刘庆昌,吴国良,2010.植物细胞组织培养[M].北京:中国农业大学出版社.

刘思,沈文涛,黎小瑛,等,2007.番木瓜的营养保健价值与产品开发[J].广东农业科学,2:68-70.

刘雪红,曾宋君,吴坤林,等,2006.巴西香蕉薄切片丛生芽途径高频再生体系的建立[J].中国南方果树,35(5):38-39.

罗仲春,罗斯丽,罗毅波,2013.铁皮石斛原生态栽培技术[M].北京:中国林业出版社.

马国华,许秋生,羡蕴兰,1998.从木薯嫩叶直接诱导初生体细胞胚胎发生和芽的形成[J].植物学报,40(6):503-507.

潘登浪,邹积鑫,曾宪海,等,2019.油棕细胞悬浮培养及植株再生技术[J].广东农业科学,46(2):59-65,173.

乔拉H S(Chawla H S),2004.植物生物技术导论(Introduction to Plant Biotechnology)[M].2版影印本.北京:科学出版社.

石伟琦,孙伟生,习金根,等,2011.我国菠萝产业现状与发展对策[J].广东农业科学,3:181-186.

宋曙辉,刘庞源,何伟明,等,2014.紫山药茎尖营养及功能成分分析[J].营养学报,36(5):508-510.

孙伟生,窦美安,孙光明,2009.珍珠菠萝组织培养与快速繁殖[J].亚热带植物科学,38(2):70-71.

覃和业,陈媚,彭素娜,等,2014.麻竹组培苗二级苗栽培管理技术[J].热带农业科学,34(3):17-20.

覃和业,彭素娜,陈媚,等,2014.麻竹组培苗的生根与移栽技术研究[J].热带农业科学,34(8):43-46.

唐燕琼,吴紫云,刘国道,等,2009.柱花草种质资源研究进展[J].植物学报,44(6):752-762.

魏凤娟,2010.铁皮石斛组织培养与栽培技术研究进展[J].广东农业科学,37(4):81-85.

魏建文,2002.麻竹苗木的无性繁殖技术研究[J].福建林业科技,30(z1):12-14.

魏岳荣,黄学林,黄霞,等,2005.'过山香'香蕉多芽体的诱导及其体细胞胚的发生[J].园艺学报,32(3):414-419.

吴繁花,2009.热研5号柱花草同源四倍体诱导的研究[D].海口:海南大学.

吴文嫱,2017.大薯遗传多样性研究及其炭疽病抗性关联位点和抗性基因的挖掘[D].海口:海南大学.

夏赟,2012.紫参薯再生体系的建立和遗传转化的初步研究[D].海口:海南大学.

肖望, 黄霞, 魏岳荣, 等, 2008. '过山香'香蕉原生质体培养及植株再生 [J]. 园艺学报, 35(6): 873-878 .

谢光明, 李秀梅, 邓聪平, 等, 2012. 利用组培快繁技术大规模生产文心兰种苗 [J]. 中国热带农业, 44(1): 72-73.

谢轶, 苏冰霞, 周鹏, 2016. 高效液相色谱法测定不同品种番木瓜果实中维生素C含量 [J]. 热带农业科学, 2: 50-53.

谢智旭, 沈文涛, 言普, 等, 2018. 2个番木瓜品种组培苗成苗率的研究 [J]. 安徽农业科学, 46(14): 47-50, 85.

辛亚龙, 唐军荣, 杨宇明, 等, 2017. 牛樟组织培养技术研究 [J]. 中南林业科技大学学报, 37(8): 48-53.

邢文婷, 陈培, 董晓娜, 等, 2018. 细胞分裂素对台湾牛樟腋芽增殖培养的影响 [J]. 热带农业科学, 38(5): 39-42, 48.

徐春香, Pains B, Strosse H, 等, 2004. 香蕉胚性愈伤组织的诱导及胚性细胞悬浮系的建立 [J]. 华南农业大学学报(自然科学版), 25(1): 70-73.

许云, 2014. 大薯遗传多样性的 AFLP 分析和类原球茎遗传转化体系的研究 [D]. 海口: 海南大学 .

许云, 高艳强, 高洪昌, 等, 2014. 大薯类原球茎的离体诱导及再生体系的建立 [J]. 植物生理学报, 7: 1027-1032.

严亮, 2014. 中国传统兰科药用植物铁皮石斛基因组及其生物学特性研究 [D]. 长春: 吉林大学 .

杨林洪, 姜伟, 2012. 加快发展湛江菠萝产业所存在的问题和对策 [J]. 热带农业科学, 32(1): 78-81.

易克贤, 2001. 柱花草炭疽病及其抗病育种进展 [J]. 中国草地, 23(4): 60-66.

余小琴, 2017. 不同植物激素对牛樟扦插生根和生长的影响 . 防护林科技, 17(6) 7-9.

元英进, 2004. 植物细胞培养工程 [M]. 北京: 化学工业出版社 .

岳军伟, 骆昱春, 黄文超, 等, 2011. 沉水樟种质资源及培育技术研究进展 [J]. 江西林业科技, 3: 43-45.

张建斌, 贾彩红, 刘菊华, 等, 2012. 香蕉未成熟雄花组织培养与快速繁殖研究 . 热带作物学报, 33(7): 1225-1229.

张建华, 2003. 麻竹高位压条育苗技术 [J]. 林业实用技术, 9: 23-24.

张泉锋, 毛碧增, 2004. 铁皮石斛培养的产业化研究 [J]. 中草药, 35(4): 438-440.

张淑华, 何政坤, 蔡锦蜜, 2002. 牛樟之组织培养 [J]. 台湾林业科学, 17(4): 491-501.

张宇慧, 周鹏, 2009. 世界番木瓜贸易与发展分析 [J]. 中国热带农业, 3: 24-25.

赵亚玲, 宋鸿儒, 费晋秀, 等, 2013. 紫参薯中花色苷提取工艺研究 [J]. 中国调味品, 38(6): 71-74.

郑成木, 刘进平, 2001. 热带亚热带植物微繁殖 [M]. 长沙: 湖南科学技术出版社 .

郑金龙, 高建明, 张世清, 等, 2011. 剑麻茎腐病菌的 rDNA-ITS 序列分析 [J]. 热带作物学报, 36(2): 1093-1096.

郑用文, 刘慧武, 徐本莲, 2006. 麻竹丰产栽培管理技术 [J]. 林业调划, 31(z1): 172-174.

钟军, 智旭丹, 杨波, 2006. 柱花草组织培养研究 [J]. 湖南农业大学学报(自然科学版), 32(5): 494-496.

周鹏, 纪中华, 段日汤, 等. 三个番木瓜品种组培苗在云南元谋地区的种植试验 [J]. 热带生物学报, 2011, 2(3): 193-196.

周鹏, 黎小瑛, 沈文涛, 等, 2005. 番木瓜优质组培苗生产体系的建立 [J]. 热带作物学报, 26(2): 43-46.

周鹏, 沈文涛, 黎小瑛, 等, 2011. 番木瓜组培苗推广应用的几个关键技术问题 [J]. 热带作物学报, 32(2): 354-358.

周鹏, 沈文涛, 言普, 等, 2010. 我国番木瓜产业发展的关键问题及对策 [J]. 热带生物学报, 1(3): 257-260, 264.

周鹏, 郑学勤, 曾宪松, 1992. 番木瓜快繁技术的研究 [J]. 热带作物研究 (1): 52-57.

周鹏, 郑学勤, 曾宪松, 1992. 番木瓜叶片再生植株初探 [J]. 热带作物研究 (4): 35-42.

周鹏,郑学勤,陈向明,1995.成龄番木瓜的快繁技术[J].热带作物学报,16(2): 66 - 69.

周文钊,罗练芳,2007.提高剑麻科技创新能力的战略思路[J].中国麻业科学(29): 104-111.

周张德堂,2013.台湾牛樟无性繁殖技术研究[D].福州:福建农林大学.

邹积鑫,潘登浪,林位夫,2016.油棕体细胞胚的诱导和次生胚的增殖研究[J].热带农业科学,36(8): 26-30.

邹积鑫,尤丽莉,林位夫,2014.影响油棕叶片愈伤组织诱导因素研究[J].热带农业科学,34(2): 54-58,68.

Baco M N, Biaou G, Lescure J P. Complementarity between geographical and social patterns in the preservation of yam(*Dioscorea* sp.) diversity in Northern Benin[J]. Economic Botany, 61(4): 385-393.

Bao G G, Zhuo C L, Guo Z F, et al, 2016. Co-expression of *NCED* and *ALO* improves vitamin C level and tolerance to drought and chilling in transgenic tobacco and stylo plants[J]. Plant Biotechnology Journal, 1(14): 1-9.

Beyl C A, 2011. PGRs and their use in micropropagation[M]//Trigiano RN, Gray DJ(eds) , Plant Tissue Culture, Development, and Biotechnology. CRC Press.

Calvert L A, Thresh J M, 2002. The viruses and virus diseases of cassava[M]// Hillocks RJ, Thresh JM Bellotti A(eds.) Cassava: Biology, Production, and Utilization, CABI Publishing.

Dubern J, 1994. Transmission of African cassava mosaic geminivirus by the whitefly(*Bemisia tabaci*) [J]. Trop Sci, 34: 82-91.

Fehér A, 2008. The initiation phase of somatic embryogenesis: what we know and what we don't[J]. Acta Biol Szegediensis, 52(1): 53-56.

Jiménez V M. Involvement of plant hormones and plant growth regulators on in vitro somatic embryogenesis[J]. Plant Growth Regul, 2005, 47: 91-110.

Johri B M, 1982. Experimental embryology of vascular plants[M]. Berlin, New York: Springer-Verlag.

Kane M E, Philman N L, Jenks M A , 1994.A laboratory exercise to demonstrate direct and indirect shoot organogenesis using internodes of *Myriophyllum aquaticum*[J]. Horttechnology 4: 317-320.

Lebot V, 2009. Tropical root and tuber crops: cassava, sweet potato, yams and aroids[M]. Wallingford, UK: CABI.

Li HQ, Huang YW, Liang CY, et al, 1998. Regeneration of cassava plant via shoot organogenesis[J]. Plant Cell Rep, 17: 410-414.

Li H Q, Huang Y W, Liang C Y, 1995. Improvement of plant regeneration from cyclic somatic embryos in cassava.// Cassava Biotechnology Network: Proceedings of the 2rd International Scientific Meeting , Bogor, Indonesia. CIAT working document, 150: 289-302.

Maruthi M N, Colvin J, Seal S, et al, 2002. Co-adaptation between cassava mosaic geminiviruses and their local vector populations[J]. Virus Res. 2002, 86(1-2): 71-85.

Mathews H, Schoke C, Carcamo R, 1993. Improvement of somatic embtyogenesis and plant recovery in cassava[J]. Plant Cell Rep, 12: 328-333.

Mignouna H, Mank R, Ellis T, et al, 2002. A genetic linkage map of water yam(*Dioscorea alata* L.) based on AFLP markers and QTL analysis for anthracnose resistance[J]. Theoretical & Applied Genetics, 105(5): 726-735.

Omoruyi F O, Mcanuff M A, Morrison E Y, et al, 2004. Bitter yam as a source of sterols with cholesterol-reducing properties in the blood// Proceedings of the 3rd International Conference on Natural Products: Natural Products-a Must for Human Survival ABSTRACTS.

Onyeka T J, Petro D, Etienne S, et al, 2006. Optimizing controlled environment assessment of levels of resistance to yam anthracnose disease using tissue culture-derived whole plants[J]. Journal of Phytopathology, 154(5): 286-292.

Osagie AU, 1992. The Yam Tuber in Storage. Nigeria University of Benin, Department of Biochemistry[M]. Benin City, Nigeria.

Raemakers, CJJM, Jacobsen E, Visser RGF, 1995. Secondary somatic embryogenesis and applications in plant breeding[J]. Euphytica, 81: 93-107.

Roger DJ, SG Appan, 1973. Flora Neotropica Monograph No.13. *Manihot eseulenta*(Euphorbiaceae) [M]. NewYork: Hafner Press.

Saleh E O L, Scherwinski-Pereira J E, 2016. Advances in somatic embryogenesis of palm trees(Arecaceae): fundamentals and review of protocols[M]//A. Mujib(ed). Somatic Embryogenesis in Ornamentals and Its Applications, New Delhi, Heidelberg, New York, Dordrecht, London: Springer India.

Shah J J, Unnikrishnan K, Poulose KV, 1967. Vessel members in the stem of *dioscorea alata* L[J]. Canadian Journal of Botany, 45(2): 155-167.

Siqueira M V B M, Marconi T G., Bonatelli M L, et al, 2011. New microsatellite loci for water yam(*Dioscorea alata*, Dioscoreaceae) and cross-amplification for other *Dioscorea* species[J]. American Journal of Botany, 98(6): e144-e146.

Skoog F, Miller CO, 1957. Chemical regulation of growth and organ formation in plant tissue cultured in vitro[J]. Symp Soc Exp Biol, XI: 118-131.

Stamp J A, Henshaw G G, 1982. somatic embtyogenesis in cassava[J]. Z Pflanzenph, 105: 183-197.

Storey H H, Nichols R F W, 1938. Studies on the mosaic diseases of cassava[J]. Ann Appl Biol, 25: 790-806.

Supriya D. Manabendra D C, Pranab B M, 2013. Micropropagation of *Dioscorea alata* L. through nodal segments[J]. Academic Journals, 12(47): 6611-6617.

Taylor N J, Edawards M, Kieman R J, et al, 1996. Development of friable embryogenic callus and embryogeneic suspension culture systems in cassava(Manihot essculenta Crantz) [J].Nature Biotech, 14: 724-730.

Von Arnold S, 2008. Somatic embryogenesis[M]// George E F, Hall M A, De Klerk GJ(eds) Plant propagation by tissue culture, 3rd edn. Springer, Dordrecht.

Yang X Y, Zhang X L, 2011. Developmental and molecular aspects of nonzygotic(somatic) embryogenesis. In: Trigiano RN, Gray DJ(eds) Plant Tissue Culture, Development, and Biotechnology. CRC Press.

Zhang P, phansiri S, Puonti-Kaerlas J, 2001. Improvement of Cassava shoot organogensis by the use of silver nitrate *in vitro*[J]. Plant Cell, Tissue and Organ Culture, 67(l): 47-54.

Zou J, Zhang Q, Zhu Z, et al, 2019. Embryogenic callus induction and fatty acid composition analysis of oil palm(*Elaeis guineensis* cv. Tenera) [J]. Scientia Horticultura, 245: 125-130.

# 附录 常用的培养基配方

## MS培养基（Murashige和Skoog，1962）

| 成　分 | 浓度（mg/L） | 成　分 | 浓度（mg/L） |
|---|---|---|---|
| $NH_4NO_3$（硝酸铵） | 1 650 | $Na_2MoO_4 \cdot 2H_2O$（钼酸钠） | 0.25 |
| $KNO_3$（硝酸钾） | 1 900 | $CuSO_4 \cdot 5H_2O$（硫酸铜） | 0.025 |
| $KH_2PO_4$（磷酸二氢钾） | 170 | $CoCl_2 \cdot 6H_2O$（氯化钴） | 0.025 |
| $MgSO_4 \cdot 7H_2O$（硫酸镁） | 370 | 甘氨酸 | 2 |
| $CaCl_2$（氯化钙） | 440 | 盐酸硫胺素（维生素$B_1$） | 0.4 |
| $FeSO_4 \cdot 7H_2O$（硫酸亚铁） | 27.8 | 盐酸吡哆素（维生素$B_6$） | 0.5 |
| $Na_2EDTA$（乙二胺四乙酸二钠） | 37.3 | 烟酸 | 0.5 |
| $MnSO_4 \cdot 4H_2O$（硫酸锰） | 22.3 | 肌醇 | 100 |
| $ZnSO_4 \cdot 7H_2O$（硫酸锌） | 8.6 | 蔗糖 | 30 000 |
| $H_3BO_3$（硼酸） | 6.2 | 琼脂 | 10 000 |
| KI（碘化钾） | 0.83 | pH | 5.8 |

## LS培养基（Linsmaier和Skoog，1965）

| 成　分 | 浓度（mg/L） | 成　分 | 浓度（mg/L） |
|---|---|---|---|
| $NH_4NO_3$（硝酸铵） | 1 650 | KI（碘化钾） | 0.83 |
| $KNO_3$（硝酸钾） | 1 900 | $Na_2MoO_4 \cdot 2H_2O$（钼酸钠） | 0.25 |
| $KH_2PO_4$（磷酸二氢钾） | 170 | $CuSO_4 \cdot 5H_2O$（硫酸铜） | 0.025 |
| $MgSO_4 \cdot 7H_2O$（硫酸镁） | 370 | $CoCl_2 \cdot 6H_2O$（氯化钴） | 0.025 |
| $CaCl_2 \cdot 2H_2O$（氯化钙） | 440 | 盐酸硫胺素 | 0.4 |
| $FeSO_4 \cdot 7H_2O$（硫酸亚铁） | 27.86 | 肌醇 | 100 |
| $Na_2EDTA$（乙二胺四乙酸二钠） | 37.26 | 蔗糖 | 30 000 |
| $MnSO_4 \cdot 4H_2O$（硫酸锰） | 22.3 | 琼脂 | 10 000 |
| $ZnSO_4 \cdot 7H_2O$（硫酸锌） | 8.6 | pH | 5.8 |
| $H_3BO_3$（硼酸） | 6.2 | | |

注：成分基本同MS，去掉甘氨酸、盐酸吡哆素和烟酸。

## RM培养基（田中，1964）

| 成　分 | 浓度（mg/L） | 成　分 | 浓度（mg/L） |
|---|---|---|---|
| $NH_4NO_3$（硝酸铵） | 4 950 | $Na_2MoO_4 \cdot 2H_2O$（钼酸钠） | 0.25 |
| $KNO_3$（硝酸钾） | 1 900 | $CuSO_4 \cdot 5H_2O$（硫酸铜） | 0.025 |

(续)

| 成　分 | 浓度（mg/L） | 成　分 | 浓度（mg/L） |
|---|---|---|---|
| $KH_2PO_4$（磷酸二氢钾） | 510 | $CoCl_2 \cdot 6H_2O$（氯化钴） | 0.025 |
| $MgSO_4 \cdot 7H_2O$（硫酸镁） | 360 | 甘氨酸 | 2 |
| $CaCl_2$（氯化钙） | 440 | 盐酸硫胺素（维生素 $B_1$） | 0.4 |
| $FeSO_4 \cdot 7H_2O$（硫酸亚铁） | 27.8 | 盐酸吡哆素（维生素 $B_6$） | 0.5 |
| $Na_2EDTA$（乙二胺四乙酸二钠） | 37.3 | 烟酸 | 0.5 |
| $MnSO_4 \cdot 4H_2O$（硫酸锰） | 22.3 | 肌醇 | 100 |
| $ZnSO_4 \cdot 7H_2O$（硫酸锌） | 8.6 | 蔗糖 | 30 000 |
| $H_3BO_3$（硼酸） | 6.2 | 琼脂 | 10 000 |
| KI（碘化钾） | 0.83 | | |

注：成分基本同 MS 培养基，只改 $NH_4NO_3$ 为 4 950，$KH_2PO_4$ 为 510。

### ER 培养基（Eriksson，1965）

| 成　分 | 浓度（mg/L） | 成　分 | 浓度（mg/L） |
|---|---|---|---|
| $NH_4NO_3$（硝酸铵） | 1 200 | Zn(螯合的) | 15 |
| $KNO_3$（硝酸钾） | 1 900 | $Na_2MoO_4 \cdot 2H_2O$（钼酸钠） | 0.025 |
| $CaCl_2 \cdot 2H_2O$（氯化钙） | 440 | $CuSO_4 \cdot 5H_2O$（硫酸铜） | 0.002 5 |
| $MgSO_4 \cdot 7H_2O$（硫酸镁） | 370 | $CoCl_2 \cdot 6H_2O$（氯化钴） | 0.002 5 |
| $KH_2PO_4$（磷酸二氢钾） | 340 | $Fe-Na_2EDTA$ | 5 |
| $H_3BO_3$（硼酸） | 0.63 | 蔗糖 | 40 |
| $MnSO_4 \cdot 4H_2O$（硫酸锰） | 2.23 | pH | 5.8 |

### $B_5$ 培养基（Gamborg 等，1968）

| 成　分 | 浓度（mg/L） | 成　分 | 浓度（mg/L） |
|---|---|---|---|
| $NaH_2PO_4 \cdot H_2O$（磷酸二氢钠） | 150 | $CuSO_4 \cdot 5H_2O$（硫酸铜） | 0.025 |
| $KNO_3$（硝酸钾） | 3 000 | $CoCl_2 \cdot 6H_2O$（氯化钴） | 0.025 |
| $(NH_4)_2SO_4$（硫酸铵） | 134 | KI（碘化钾） | 0.75 |
| $MgSO_4 \cdot 7H_2O$（硫酸镁） | 500 | 盐酸硫胺素 | 10 |
| $CaCl_2 \cdot 2H_2O$（氯化钙） | 150 | 盐酸吡哆素 | 1 |
| $Fe-Na_2EDTA$ | 5 | 烟酸 | 1 |
| $MnSO_4 \cdot 4H_2O$（硫酸锰） | 10 | 肌醇 | 100 |
| $H_3BO_3$（硼酸） | 3 | 蔗糖 | 20 000 |
| $ZnSO_4 \cdot 7H_2O$（硫酸锌） | 2 | 琼脂 | 10 000 |
| $Na_2MoO_4 \cdot 2H_2O$（钼酸钠） | 0.25 | pH | 5.5 |

## N$_6$培养基（朱至清等，1974）

| 成　分 | 浓度（mg/L） | 成　分 | 浓度（mg/L） |
|---|---|---|---|
| KNO$_3$（硝酸钾） | 2 830 | KI（碘化钾） | 0.8 |
| (NH$_4$)$_2$SO$_4$（硫酸铵） | 463 | 甘氨酸 | 2.0 |
| KH$_2$PO$_4$（磷酸二氢钾） | 400 | 盐酸硫胺素（维生素B$_1$） | 1.0 |
| MgSO$_4$·7H$_2$O（硫酸镁） | 185 | 盐酸吡哆素（维生素B$_6$） | 0.5 |
| CaCl$_2$·2H$_2$O（氯化钙） | 166 | 烟酸 | 0.5 |
| Fe-Na$_2$EDTA | 5 | 蔗糖 | 50 000 |
| MnSO$_4$·4H$_2$O（硫酸锰） | 4.4 | 琼脂 | 1 000 |
| ZnSO$_4$·7H$_2$O（硫酸锌） | 1.5 | pH | 5.8 |
| H$_3$BO$_3$（硼酸） | 1.6 | | |

## GD培养基（Gresshoff和Doy，1974）

| 成　分 | 浓度（mg/L） | 成　分 | 浓度（mg/L） |
|---|---|---|---|
| KNO$_3$（硝酸钾） | 1 000 | CoCl$_2$·6H$_2$O（氯化钴） | 0.025 |
| NH$_4$NO$_3$（硝酸铵） | 1 000 | FeSO$_4$·7H$_2$O（硫酸亚铁） | 15.23 |
| Ca(NO$_3$)$_2$（硝酸钙） | 241.2 | Na$_2$EDTA（乙二胺四乙酸二钠） | 32.75 |
| MgSO$_4$（硫酸镁） | 17.099 | 肌醇 | 10 |
| KH$_2$PO$_4$（磷酸二氢钾） | 300 | 甘氨酸 | 4 |
| KCl（氯化钾） | 65 | 盐酸硫胺素（维生素B$_1$） | 1.0 |
| KI（碘化钾） | 0.8 | 盐酸吡哆素（维生素B$_6$） | 0.1 |
| H$_3$BO$_3$（硼酸） | 0.3 | 烟酸 | 0.1 |
| MnSO$_4$·H$_2$O（硫酸锰） | 1 | 蔗糖 | 20 000 |
| ZnSO$_4$·7H$_2$O（硫酸锌） | 0.3 | 琼脂 | 6 000 |
| Na$_2$MoO$_4$·2H$_2$O（钼酸钠） | 0.025 | pH | 5.8 |
| CuSO$_4$·5H$_2$O（硫酸铜） | 0.025 | | |

## SH培养基（Schenk和Hildebrandt，1972）

| 成　分 | 浓度（mg/L） | 成　分 | 浓度（mg/L） |
|---|---|---|---|
| KNO$_3$（硝酸钾） | 2 500 | CoCl$_2$·6H$_2$O（氯化钴） | 0.1 |
| CaCl$_2$·2H$_2$O（氯化钙） | 200 | FeSO$_4$·7H$_2$O（硫酸亚铁） | 15 |
| MgSO$_4$·7H$_2$O（硫酸镁） | 400 | Na$_2$EDTA（乙二胺四乙酸二钠） | 20 |
| NH$_4$H$_2$PO$_4$（磷酸二氢铵） | 300 | 肌醇 | 1 000 |
| KI（碘化钾） | 1.0 | 盐酸硫胺素（维生素B$_1$） | 5.0 |
| H$_3$BO$_3$（硼酸） | 5.0 | 盐酸吡哆素（维生素B$_6$） | 0.5 |

（续）

| 成　分 | 浓度（mg/L） | 成　分 | 浓度（mg/L） |
|---|---|---|---|
| $MnSO_4 \cdot 4H_2O$（硫酸锰） | 10 | 烟酸 | 5.0 |
| $ZnSO_4 \cdot 7H_2O$（硫酸锌） | 1.0 | 蔗糖 | 30 000 |
| $Na_2MoO_4 \cdot 2H_2O$（钼酸钠） | 0.1 | 琼脂 | 6 000 |
| $CuSO_4 \cdot 5H_2O$（硫酸铜） | 0.2 | pH | 5.8 |

### H 培养基（Bourgig 和 Nitsch，1967）

| 成　分 | 浓度（mg/L） | 成　分 | 浓度（mg/L） |
|---|---|---|---|
| $KNO_3$（硝酸钾） | 950 | $Na_2EDTA$（乙二胺四乙酸二钠） | 37.5 |
| $NH_4NO_3$（硝酸铵） | 720 | 肌醇 | 100 |
| $MgSO_4 \cdot 7H_2O$（硫酸镁） | 185 | 烟酸 | 5 |
| $CaCl_2 \cdot 2H_2O$（氯化钙） | 166 | 甘氨酸 | 2 |
| $KH_2PO_4$（磷酸二氢钾） | 68 | 盐酸硫胺素 | 0.5 |
| $MnSO_4 \cdot 4H_2O$（硫酸锰） | 25 | 盐酸吡哆素 | 0.5 |
| $ZnSO_4 \cdot 7H_2O$（硫酸锌） | 10 | 叶酸 | 0.5 |
| $H_3BO_3$（硼酸） | 10 | 生物素 | 0.05 |
| $Na_2MoO_4 \cdot 2H_2O$（钼酸钠） | 0.25 | 蔗糖 | 20 000 |
| $CuSO_4 \cdot 5H_2O$（硫酸铜） | 0.025 | 琼脂 | 8 000 |
| $FeSO_4 \cdot 7H_2O$（硫酸亚铁） | 27.8 | pH | 5.5 |

### Nitsch（1972）培养基

| 成　分 | 浓度（mg/L） | 成　分 | 浓度（mg/L） |
|---|---|---|---|
| $KNO_3$（硝酸钾） | 950 | $Fe-Na_2EDTA$ | 5 |
| $NH_4NO_3$（硝酸铵） | 720 | 烟酸 | 5 |
| $CaCl_2$（氯化钙） | 166 | 甘氨酸 | 2 |
| $MgSO_4 \cdot 7H_2O$（硫酸镁） | 185 | 盐酸吡哆素（维生素 $B_6$） | 0.25 |
| $KH_2PO_4$（磷酸二氢钾） | 68 | 盐酸硫胺素（维生素 $B_1$） | 0.5 |
| $MnSO_4 \cdot 4H_2O$（硫酸锰） | 25 | 叶酸 | 0.5 |
| $H_3BO_3$（硼酸） | 10 | 生物素 | 0.05 |
| $ZnSO_4 \cdot 7H_2O$（硫酸锌） | 10 | 肌醇 | 100 |
| $Na_2MoO_4 \cdot 2H_2O$（钼酸钠） | 0.25 | 蔗糖 | 20 000 |
| $CuSO_4 \cdot 5H_2O$（硫酸铜） | 0.025 | 琼脂 | 10 000 |

## 改良怀特培养基（White，1963）

| 成 分 | 浓度（mg/L） | 成 分 | 浓度（mg/L） |
|---|---|---|---|
| KNO₃（硝酸钾） | 80 | CuSO₄·5H₂O（硫酸铜） | 0.001 |
| Ca(NO₃)₂·4H₂O（硝酸钙） | 260 | MoO₃（氧化钼） | 0.000 1 |
| MgSO₄·7H₂O（硫酸镁） | 720 | 甘氨酸 | 3.0 |
| Na₂SO₄（硫酸钠） | 200 | 盐酸硫胺素 | 0.1 |
| KCl（氯化钾） | 65 | 盐酸吡哆素 | 0.1 |
| NaH₂PO₄·H₂O（磷酸二氢钠） | 16.5 | 烟酸 | 0.3 |
| Fe(SO₄)₃（硫酸铁） | 2.5 | 肌酸 | 100 |
| MnSO₄·4H₂O（硫酸锰） | 7.0 | 蔗糖 | 20 000 |
| ZnSO₄·7H₂O（硫酸锌） | 3.0 | 琼脂 | 10 000 |
| H₃BO₃（硼酸） | 1.5 | pH | 5.6 |

## WS 培养基（Woiter 和 Skoog，1966）

| 成 分 | 浓度（mg/L） | 成 分 | 浓度（mg/L） |
|---|---|---|---|
| NH₄NO₃（硝酸铵） | 50 | Fe-Na₂EDTA | 5 |
| KCl（氯化钾） | 140 | MnSO₄·4H₂O（硫酸锰） | 27.8 |
| KNO₃（硝酸钾） | 170 | ZnSO₄·7H₂O（硫酸锌） | 9 |
| Ca(NO₃)₂·4H₂O（硝酸钙） | 425 | KI（碘化钾） | 3.2 |
| Na₂SO₄（硫酸钠） | 425 | H₃BO₃（硼酸） | 1.6 |
| NaH₂PO₄·H₂O（磷酸二氢钠） | 35 | | |

## 木本植物培养基（WPM）（Lloyd 和 McCown，1980）

| 成 分 | 浓度（mg/L） | 成 分 | 浓度（mg/L） |
|---|---|---|---|
| 硝酸铵（NH₄NO₃） | 400 | 钼酸钠（Na₂MoO₄·2H₂O） | 0.025 |
| 硫酸钾（K₂SO₄） | 990 | 硫酸锌（ZnSO₄·4H₂O） | 8.6 |
| 磷酸钾（K₃PO₄） | 170 | 硫酸亚铁（FeSO₄·7H₂O） | 27.8 |
| 氯化钙（CaCl₂·2H₂O） | 96 | Na₂-EDTA | 37.3 |
| 硝酸钙（Ca(NO₃)₂·4H₂O） | 556 | 甘氨酸（Glycine） | 2.0 |
| 硫酸镁（MgSO₄·7H₂O） | 370 | 盐酸硫胺素（Thiamine HCl） | 1.0 |
| 硼酸（H₃BO₃） | 6.2 | 盐酸吡哆醇（Pyridoxine HCl） | 0.5 |
| 硫酸铜（CuSO₄·5H₂O） | 0.025 | 烟酸（Nicotinic acid） | 0.5 |
| 硫酸锰（MnSO₄·4H₂O） | 22.3 | 肌醇（Inositol） | 100 |

### HE培养基（Heller，1953）

| 成　分 | 浓度（mg/L） | 成　分 | 浓度（mg/L） |
|---|---|---|---|
| $CaCl_2 \cdot H_2O$（氯化钙） | 75 | $MnSO_4 \cdot 4H_2O$（硫酸锰） | 0.1 |
| $MgSO_4 \cdot 7H_2O$（硫酸镁） | 250 | $ZnSO_4 \cdot 7H_2O$（硫酸锌） | 1.0 |
| $NaNO_3$（硝酸钠） | 600 | $CuSO_4 \cdot 5H_2O$（硫酸铜） | 0.03 |
| $NaH_2PO_4 \cdot H_2O$（磷酸二氢钠） | 125 | $CoCl_2 \cdot 6H_2O$（氯化钴） | 0.03 |
| $KCl$（氯化钾） | 750 | $NiCl_2 \cdot 6H_2O$（氯化镍） | 0.03 |
| $KI$（碘化钾） | 0.01 | $FeCl_3 \cdot 6H_2O$（三氯化铁） | 1.0 |
| $H_3BO_3$（硼酸） | 1.0 | 蔗糖 | 20 000 |

### 霍格兰氏营养液（Hoagland和Snyder，1933）

| 成　分 | 浓度（mmol/L） | 成　分 | 浓度（mmol/L） |
|---|---|---|---|
| $KNO_3$ | 2.50 | $MnCl_2 \cdot 4H_2O$ | $4.57 \times 10^{-3}$ |
| $Ca(NO_3)_2 \cdot 4H_2O$ | 2.50 | $H_3BO_3$ | $23.13 \times 10^{-3}$ |
| Fe-EDTA | 0.08 | $ZnSO_4 \cdot 7H_2O$ | $0.38 \times 10^{-3}$ |
| $K_2SO_4$ | 0.25 | $CuSO_4 \cdot 5H_2O$ | $1.57 \times 10^{-3}$ |
| $MgSO_4 \cdot 7H_2O$ | 1.00 | $KH_2PO_4$ | 0.25 |
| $(NH_4)_6Mo_7O_{24} \cdot 4H_2O$ | $0.9 \times 10^{-3}$ | | |